KB077317

파주
인문학
산책

파주
인문학
산책

2017년 11월 27일 제1판 제1쇄 발행

지은이   최종환
펴낸이   강봉구
사진제공   최종환, 파주시청 홈페이지

펴낸곳   작은숲출판사
등록번호   제406−2013−0000801호
주소   경기도 파주시 신촌로 21−30(신촌동)
전화   070−4067−8560
팩스   0505−499−8560
홈페이지   http://cafe.daum.net/littlef2010
페이스북   http://www.facebook.com/littlef2010
이메일   littlef2010@daum.net

ISBN 979−11−6035−037−4   03980
값은 뒤표지에 있습니다.

파주에 대한 얕고 넓은 지식

파주 인문학 산책

최종환 지음

작은숲

파주의 어제와 오늘을 되짚어 보고
한반도와 파주의 밝은 미래를 여는
열쇠를 찾을 수 있기를

정세균 국회의장

　최종환 도의원을 보면 노무현 대통령이 생각납니다. 2002년은 대한
민국 민주주의를 한 단계 발전시킨 기념비적인 해였습니다. 당시 약세
였던 노무현 후보가 전국을 순회하는 국민참여 경선제를 통해 기적처럼
민주당의 대통령 후보로 선출되고 여러 우여곡절 끝에 대통령으로 당선
되었습니다.

　노무현 대통령과 그 숨가쁜 역사의 순간을 함께 한 이가 바로 최종환
의원입니다. 하지만 노무현 대통령의 당선 과정은 그리 순탄치 않았습
니다. '후보 단일화'라는 미명 하에 이미 선출된 대통령 후보를 흔드는 움
직임도 있었고, 이 과정에서 당시 최종환 비서관이 보좌하던 의원이 상
대 당으로 넘어가는 일도 있었습니다.

　하지만 당을 지키고 후보를 지키기 위해 의원실에 사표를 내고 끝까
지 소신을 지켰던 최종환 비서관의 용기에 격려를 보냈던 기억이 새록

합니다. 또한 유불리를 따지지 않고 소신을 따른 젊은 비서관이 인수위원회를 거쳐 청와대 행정관으로 발탁되어 넓은 무대에서 한껏 기량을 펼치는 모습을 보며 무척 흐뭇하기도 했습니다.

아직 우리에게는 '사람 사는 세상'을 꿈꾸었던 노무현 대통령께서 남기고 가신 미완의 과제를 실현해야 하는 일들이 남아 있습니다. 참여정부의 꿈과 유산을 간직해 온 최종환 의원이 대한민국 정치의 중심에서 배우고 익힌 것을 이제 시민과 함께하는 생활정치로, 파주사랑의 마음으로 승화시키기 위해 땀 흘리고 있습니다.

최종환 의원의 이번 책 또한 그러한 열정과 의지의 산물이라 생각합니다. 『파주 인문학 산책』이 파주를 알고 사랑하게 되는 작은 씨앗이 되기를 바라는 저자의 바람이 모든 분들에게 닿길 바랍니다.

파주는 예로부터 한반도의 중심에 위치한 전략적 요충지입니다. 지금은 막혀 있지만 언젠가 남북을 이어 줄 지리적, 경제적 통로 역시 파주가 될 것입니다. 『파주 인문학 산책』을 통해 파주의 어제와 오늘을 되짚어 보고, 한반도와 파주의 밝은 미래를 여는 열쇠를 찾을 수 있길 희망합니다.

2017년 11월
국회의장 정세균

정성과 열정이 가득한
알아두면 쓸데 있는
파주에 관한 신비한 잡학사전

이재정 경기도교육감

　사실, 우리가 살고 있는 고장에 대해 이야기 한다는 것이 쉽지만은 않습니다. 고향일 수도 있고, 오래 살아온 곳이라고 해도 인문학적인 지식을 가지고 마을 구석구석을 살펴보고 알아 가는 일은 열정과 정성이 바탕이 되어야 하는 일이기 때문입니다.

　『파주 인문학 산책』은 정성과 열정이 가득한 알아 두면 쓸데 있는 파주에 관한 신비한 잡학사전입니다. 또한, 파주의 역사, 인물, 사상, 문화유적, 지명과 전설, 생태자원과 천연 기념물, 현대사에 이르기까지 그가 보고, 읽고, 느끼고, 체득한 파주시에 대한 넓은 인문학 보고서라고 이름 붙일 수 있는 내용입니다.

　땅이 주변보다 조금 높고 경사가 진 곳을 '언덕'이라고 합니다. 사전적 의미와 더불어 '언덕'은 우리가 기대고 찾아가는 '그 무엇'이라는 근원적 의미로도 다가옵니다. 파주坡언덕州고을를 '언덕이 많은 고을'이라고 설명하는 곳에서 카타르시스를 느끼게 합니다.

최종환 의원으로부터 추천사를 의뢰받고, 처음에는 인문학 서적이라는데 적지 않게 놀랐습니다. 의례 정치인이 집필한 책은 그가 살아온 드라마틱한 이력과 인생의 굴곡, 시련을 극복하는 과정을 밝히는 자서전이거나, 아니면 정치철학과 정치적 신념을 바탕으로 미래 비전과 새로운 청사진을 제시하는 에세이 형식일 것으로 예상했기 때문입니다.

최종환 의원이 집필한 『파주 인문학 산책』은 난해하고 전문적인 '강단 인문학'이 아니라, 시민들이 출퇴근 지하철이나 산책길 커피숍에서 읽을 수 있는 친숙하고 이해하기 쉬운 '생활 인문학'이라고 할 수 있습니다.

이 책 『파주 인문학 산책』은 내가 발 딛고 살아가고 있는 땅과 도시, 마을의 속살을 들여다보고, 그 곳에 살고 있는 사람의 생각과 문화, 역사에 대한 이야기를 '아빠가 딸에게 설명하듯' 쉽게 읽을 수 있는 책입니다.

언덕이 많은 고을 파주波州를 사랑합니다.

2017년 11월
경기도교육감 이재정

다양한 가치가 공존하는
미래지향적 파주시가 되는 데
작은 밀알이 되길

윤후덕 국회의원

'파주 인문학 산책'

선출직 공직자인 도의원도 정치인의 한 사람인데, 처음 책 제목을 봤을 때 정치인이 쓴 책이라기에는 낯설고, 전혀 어울리지 않아 보였습니다.

저는 파주 교하 와동리에서 태어나 성장하고 어린 시절을 보낸 만큼, 내 고향 파주를 잘 알고 있다고 생각합니다. 그런데 최종환 의원이 쓴 『파주 인문학 산책』을 보니 제가 알고 있던 파주 뿌리, 역사와 문화, 인물을 나름 잘 정리해 놓아서 새삼 놀라게 됐습니다. 이곳에 뿌리를 내리게 된 후부터 꾸준히 참고 서적을 읽고 구석구석 발로 뛰면서 이 땅에 애정을 가진 '파주사람'이 돼 있음을 깨달았기 때문입니다.

저와 최의원은 22년 인연을 가지고 있습니다. 국회에서 밤샘 근무를 하던 젊은 시절, 정권 교체에 기뻐할 때, 노무현 후보를 지원하기 위한 정치적 결단을 내릴 때, 청와대에서 생활할 때, 그리고 지금 현재 파주에서도 항상 함께해 온 동지입니다.

1995년 당시 야당 국회의원의 정책 참모로 함께 일하게 된 것이 인연의 시작이었습니다. IMF 구제금융 위기 속에 치러진 제15대 대통령 선거의 화두는 IMF 추가협상과 구제금융 조기졸업 등 경제정책이었는데, 우리는 경제정책 참모로서 정책 대결에서 승리하는 데 기여했고, 마침내 김대중 대통령을 당선시키면서 헌정 사상 최초로 수평적 정권 교체를 이루는 기쁨을 맛보았습니다.

2002년 제16대 대통령 선거를 앞두고, 당시 민주당 노무현 대통령 후보 지지율이 답보 상태에 빠지자, 우리가 모셨던 국회의원이 우리의 만류에도 불구하고 민주당을 탈당하여 이회창 후보 진영으로 당적을 옮기는 충격적인 일이 발생했습니다. 저와 최의원은 일고의 망설임도 없이 사표를 내고, 노무현 대통령 후보 선거 대책본부로 뛰어들어 당선을 위해 발 벗고 나섰습니다. 천신만고 끝에 노무현 대통령이 당선되고, 대통령직인수위원회가 구성되어 최의원은 인수위 행정관으로, 저는 인수위 경제분과 전문위원으로 임명되었으며 대통령 취임과 더불어 최의원은 청와대 행정관으로, 저는 해양수산부 장관 보좌관과 행정자치부 장관

보좌관을 거쳐 대통령 비서관으로 최의원과 함께 청와대에서 참여정부의 성공을 위해 노력했습니다.

행정자치부 장관 보좌관으로 근무할 때, 전라북도 부안에서 방폐장 건립 반대문제로 주민 갈등이 심각한 상황으로 치닫게 되었습니다. 저는 국정 운영에 큰 부담이 되는 주민 갈등을 해소하고 민심 수습을 위해 부안에 상주하다시피 했는데, 그 당시 청와대 행정관이었던 최의원이 민심 동향과 공권력 대응 적절성 파악 특명을 받고 신분을 노출하지 않은 채 부안으로 내려왔다가 주민들의 집회 장소에서 우연히 마주치게 되었지만 서로 못 본 체해야 하는 웃지 못할 해프닝도 있었습니다.

이제는 참여정부를 함께 했던 문재인 대통령께서 정의로운 나라, 공정한 사회를 만들기 위해 노력하고 있습니다. 대한민국의 변화는 파주가 다시 한 번 도약할 수 있는 기회가 될 것입니다. 개헌을 통해 지방자치가 획기적 바뀔 것이며 대통령 선거 공약인 '통일경제특구'를 준비해야 하는 국가적 사명이 우리 앞에 놓여 있습니다.

파주는 최근 몇 년 사이 엄청난 변화를 겪어 왔습니다. 대규모 신도시가 들어서고 젊은 인구가 대거 유입되고 있으며 미래 지향적이고 공정한 사회, 전쟁 없는 평화를 원하는 민심이 확산되고 있습니다. 이런 변화의 소용돌이 속에 파주에서 경기도의원으로 일하며 파주의 과거, 인물과 문화유산을 다시 살펴보는 혜안에 감탄하며 이 책을 다시 보게 됐습니다.

이 책『파주 인문학 산책』이 최의원이 바라듯 보수정서와 미래 지향성, 자연 부락과 신도시 등 다양한 가치가 공존하는 파주시가 되는 데 작은 밀알이 될 것으로 기대합니다.

2017년 11월
국회의원 윤후덕

파주를 간절히 사랑하는 방법
최종환과 함께 읽는
파주 인문학 산책

이안수 헤이리 모티브원 대표

아련한 미래의 희망을 위해 조직의 일원으로 젊음을 조금씩 소각하며 대처의 삶을 견뎠습니다. 기력이 완전히 산화되기 전에 독립된 개체로서의 온전한 삶을 도모할 장소를 더듬어 찾기 시작했습니다.

30여 년 간의 방랑은 제게 가장 이상적인 샹그릴라를 찾는 노정이기도 했습니다. 그 주유열국周游列國의 길 위에서 마침내 실존하는 샹그릴라가 없다는 것을 알았습니다. 다시 한국으로 돌아오는 데 주저할 이유가 없었습니다. 마침내 정착한 곳이 파주입니다.

창작과 안식의 터전인 이 파주를 간절히 사랑하기 위해서는 파주의 이웃들을 알아야 하겠다는 열망으로 이웃 마을 어르신들의 말씀에 귀 기울이기도 하고 넓은 들을 스치는 바람에, DMZ 철책의 소리 없는 절규에 귀를 기울이고도 했습니다.

그 길 위에서 거듭 마주치는 분이 있었습니다. '최종환'이라는 파주 사람. 마주치면 멀리서 먼저 미소로 인사를 나누고 뜀박질로 달려와 손을 내밀며 안부를 물었습니다. 그분은 온기가 필요한 파주의 어느 곳에나 있었습니다. 그리고 한결같은 마음으로 손을 잡아 자신의 온기를 나누었습니다. 외롭다고 하면 눈 맞추고 내 얘기를 귀담아 들어줄 사람, 춥다고 하면 외투를 벗어줄 사람, 배고프다고 하면 빵 한 조각이라도 기꺼이 나누어줄 사람… 제 모든 삶을 의탁할 곳으로 파주를 택한 저를 안도케 하는 그런 사람이었습니다.

  그분이 발품을 담아 파주의 땅과 사람에 대한 탐구를 정리한 『파주 인문학 산책』을 집필했습니다. 과거의 탐구는 오늘 내가 어디에 발을 딛고 있는가에 대한 오늘의 확실한 인식이며 어디를 향해 나아가야 할 것인가에 대한 오래된 미래의 제시입니다. 미래가 헛된 공상이 되지 않기 위해서는 발밑부터 이해하고 사랑의 깊이를 키워야 한다는 그분의 인식과 연구와 실천이 참 미덥습니다.

　그분을 대하면서 느끼는 한결같은 마음은 '누가 가라고 해서 갈 수 있
는 길도, 가고 싶어서 가는 길도 아닌, 가지 않으면 안 되는 숙명의 길을
가고 있는 사람'이라는 확신입니다.

2017년 11월
모티브원 대표 이안수

파주를 알고
사랑하게 하는
작은 씨앗이 되길

1

  길지 않은 시간이지만 저는 지역사회를 위해 일하는 선출직 도의원으로 지내고 있습니다. 그 과정에서 파주의 미래와 번영을 걱정하고 고민하는 많은 분들과 만날 수 있었습니다. 또한 파주와 경기도의 정책을 구상하고 검토하면서 그 분들의 기대에 부응하고자 노심초사해 왔습니다.

  파주의 보다 나은 미래를 생각하기 위해서는 무엇보다 먼저 파주의 과거와 현재를 살펴보는 것이 매우 유용합니다. 과거를 보는 시선은 미래를 보는 시선과 서로 맞닿아 연결되어 있기 때문입니다. 지정학적 위치에 따른 과거의 경험이 현재에도 유효하며 그때 만들어진 가치와 전통, 유산과 교훈이 파주 발전의 나침반 역할을 할 수 있습니다. 이것이 필자가 역사나 문화 전문가가 아님에도 파주의 과거와 유래, 유산을 엮어 볼 욕심을 낸 이유입니다.

파주의 변화는 진즉 시작됐습니다. 산업단지 유치와 신도시 건설을 통해 젊은 인구가 대거 유입되면서 변화의 물결이 일어나고 있습니다. 오히려 신도시 아파트 단지가 폭발적으로 증가해 정체성 없는 베드타운, 회색 도시가 될 우려가 더 커지고 있는 형편입니다.

파주가 갖고 있는 여러 가지 특징으로 볼 때 접경 지역으로서의 보수 정서와 통일 전초기지로서의 미래 지향성, 전통사회와 첨단 산업 도시, 자연 부락과 신도시 등 다양한 가치가 공존하는 모습이 가장 이상적일 것입니다. 이러한 가치는 상호 모순, 대립되는 가치가 아닙니다. 그것은 마치 하늘의 새가 두 날개로 날 수 있는 것처럼 파주시가 도약할 수 있는 양 날개의 가치라고 믿습니다. 그러므로 파주의 역사와 전통적 가치를 경험하지 못한, 파주의 미래인 우리 아이들에게도 이를 일깨워 '파주의 아이들'로 키우고, 변화된 파주의 주역으로 만들 사명이 분명히 존재합니다. 이는 기성세대인 우리 어른들의 과제입니다.

이따금 문화 유적지를 방문할 때마다 어려운 한자와 전문용어 투성이 안내판에 숨이 막힐 때가 많았습니다. 일반인을 대상으로 하는 문화유산 안내문은 전문 서적이나 학술 논문이 아니기 때문에 간결하고 알기 쉽게 써 주어야 하는데 아쉬움이 컸습니다. 그때의 경험과 교훈이 이 책을 집필하게 만들었다고 할 수 있습니다.

3

이 책은 전문가를 위한 책은 아니요, 전문가로 가기 위한 안내서도 아닙니다. 필자 또한 이 분야 전문가가 아닙니다. 다만 어렵고 난해한 파주 지역 문화유산과 역사, 마을에 대해 아빠가 딸에게 가급적 풀어서 설명하듯 간결하고 쉽게 이해되길 바라는 마음을 이 책에 담았습니다. 더 나아가 역사와 인물, 문화유산과 같은 옛 이야기뿐만 아니라 넓은 의미에서 파주의 인문학 이야기를 포함하고자 했습니다. 파주의 인문학에 대한 전문적이고 난해한 지식이 아니라 "얕고 넓은 지식"을 쓰고자 했습니다. 전문가가 아니다 보니 잘못 알고 있거나 틀린 부분이 있을 수 있는데, 이는 전적으로 필자의 공부가 부족한 탓이니 지적해 주시면 감사하겠습니다.

최근 스토리텔링을 전문으로 하는 훌륭한 문화 해설사들이 활동하고 있어 문화유적 답사여행의 친근한 길잡이로 각광받고 있습니다. 파주 지역 문화 해설사 중에는 스스로 조사, 발굴, 수집한 자료를 바탕으로 책과 블로그를 통해 재미있게 전파하는 분들이 많습니다. 필자도 특히 그분들이 흘린 땀의 결정체인 책과 블로그를 통해 많이 배웠습니다. 진심으로 감사와 존경의 마음을 전합니다.

그 분들의 지혜와 노력을 바탕삼고 어려운 내용을 쉽게 풀어서 전달하자는 필자의 아이디어를 보탠 이 책에는 '파주'의 뜻과 유래, 파주 삼현을 비롯한 인물과 문화유산, 생태자원과 천연 기념물, 곳곳에 남아 있는 전쟁의 상흔들 그리고 장준하 선생을 비롯한 현대사의 인물, 마지막으로 읍·면·동과 도로·길 이름의 유래 등을 실었습니다.

4

"사랑하면 알게 되고, 알면 보이나니, 그때에 보이는 것은 전과 같지 않으리라."

유홍준 교수가 자신의 책 『나의 문화유산 답사기』에 조선 문인 유한준의 말을 인용한 문장입니다. 이 책을 집필하는 내내 머릿속에 맴돌았던 글귀입니다.

필자도 이 책을 구상하고 자료를 수집하며 답사하는 일련의 과정을 통해서 파주에 대한 애정이 더욱 깊어졌다는 것을 고백하지 않을 수 없습니다. '아는 것'과 '사랑하는 것'의 선후 관계는 명확하지 않지만 우리 아이들이 파주를 알고 사랑하게 하는 작은 씨앗이 되길 바랍니다. 아무쪼록 이 책이 각자의 삶의 터전, 마을 이름, 길 이름 하나의 의미라도 발견할 수 있다면 필자는 사명을 다했다고 자족하겠습니다.

2017년 11월
파주에서 최종환

004 추천사_정세균 국회의장

008 추천사_이재정 경기도교육감

012 추천사_윤후덕 국회의원

016 추천사_이안수 헤이리 모티브원 대표

020 머리말

I   파주의 유래

파주를 알다

033   1. 坡언덕 파 州고을 주 '언덕이 많은 고을'

036   2. 삼국 시대부터 전략적 요충지인 파주

파주를 만나다

041   1. 파주삼현인가 파주오현인가?

044   2. 문무를 겸비한 윤관 장군

048   3. 판서 5번, 정승 3번을 역임한 황희 정승

053   4. 공부의 신, 구도장원공 율곡 이이

059   5. 문묘에 배향된 우계 성혼

062   6. 『삼현수간』을 편찬한 구봉 송익필

065   7. 파산학파의 모태 휴암 백인걸

068   8. 말년을 파주 광탄에서 보낸, 남계 박세채

071   9. 『악학궤범』을 편찬한 용재 성현

073   10. 교하 노씨 노사신

076   11. 『동의보감』을 편찬한 구암 허준

078   12. 신분의 벽을 뛰어넘은 사랑, 최경창과 기생 홍랑

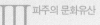

III 파주의 문화유산
파주를 걷다

083   1. 왕릉순례

      1) 장릉

      2) 파주삼릉^{坡州三陵} : 가) 공릉^{恭陵} 나) 순릉 다) 영릉

      3) 소령원

      4) 수길원

095   2. 용미리석불입상

102   3. 마애사면석불

106   4. 혜음원지^{惠蔭院址}

110   5. 산성

      1) 오두산성

      2) 월롱산성

      3) 덕진산성

      4) 칠중성^{七重城}

      5) 육계토성

119   6. 감악산비

123   7. 고인돌 유적

128   8. 구석기 · 신석기 유적

130   9. 박중손 묘역 내 장명등

134   10. 화석정^{花石亭}

138   11. 황희 정승 묘

142　12. 반구정伴鷗亭

145　13. 황희 정승 영당지

148　14. 윤관 장군 묘

151　15. 윤관 장군의 별장 상서대

154　16. 향교

　　　1) 파주향교

　　　2) 교하향교

　　　3) 적성향교

　　　4) 장단향교

158　17. 서원書院

　　　1) 파산서원坡山書院

　　　2) 자운서원紫雲書院

　　　3) 용주서원龍洲書院

　　　4) 신곡서원지新谷書院址

164　18. 화완옹주와 정치달 묘

167　19. 파주와 반란 : 역사의 물줄기를 바꾸다

　　　1) 인조반정과 파주

　　　2) 정중부의 난

IV 파주의 현대사
파주를 느끼다

171   1. 한국전쟁과 실향민

175   2. 독개다리와 자유의 다리

177   3. 리비교

179   4. 민통선 사람들

188   5. 인계철선과 기지촌

194   6. 적군 묘지

V 파주 현대사 인물전
파주를 빛내다

199   1. 독립 운동가 정태진

202   2. 민주화운동의 선구자 장준하

208   3. 「메밀꽃 필 무렵」의 작가, 이효석

211   4. 길 위의 목사, 박형규

214   5. 나의 친구, 김기설

VI 파주의 생태 파주를 살다

223 1. 임진강 팔경

226 2. 임진강 뱃사공

228 3. 파주 지역에 사는 멸종 위기종

231 4. 천연기념물

VII 파주의 지명유래와 전설 파주를 배우다

239 1. 가장 오래된 지명

241 2. 말馬 말 마이 들어가는 재미있는 지명

243 3. 고개峴 고개 현가 들어가는 재미있는 지명

245 4. 읍면동의 유래와 전설 이야기

247 5. 재미있는 마을이름

270 6. 신도시와 마을이름

275 7. 독특한 도로 이름과 의미

298 참고한 문헌 / 참고한 웹사이트

I 파주의 유래

파주를 알다

1.

坡^{언덕 파} 州^{고을 주} '언덕이 많은 고을'

파주는 한자로 坡^{언덕 파}, 州^{고을 주}를 쓴다. 우리말 의미는 '언덕^{구릉}이 많은 고을'이란 뜻이다. 언덕^{구릉}은 험한 산도 아니고, 확 트인 들판도 아닌 야트막한 지역을 말한다.

파주의 산들은 그리 높지 않다. 한반도는 동쪽이 높고 서쪽이 낮은 동고서저^{東高西低} 지형으로, 경기 동북부 지역에는 높은 산지가 있는 반면, 파주와 같은 경기 서부 지역에는 높은 산이 많지 않다. 파주에 있는 산 중 가장 높은 산은 감악산^{675m}이고 고령산^{621m}, 파평산^{495m}, 비학산^{450m}, 노고산^{400m}, 박달산^{369m} 등 비교적 낮은 산들이 분포하고 있는 반면, 경기 동북부 지역의 가평군에는 화악산^{1,464m}, 석룡산^{1,153m}, 청계산 귀목봉^{1,036m}, 사향봉^{1,013m} 등과 같은 험준한 산이 있고, 양평군에는 용문산^{940m}, 폭산^{992m} 등과 같은 높은 산이 있다. 이처럼 경기 동북부 지역의 높은 산들과 비교해 보면, 파

1.

坡[언덕 파] 州[고을 주] '언덕이 많은 고을'

파주는 한자로 坡[언덕 파], 州[고을 주]를 쓴다. 우리말 의미는 '언덕[구릉]이 많은 고을'이란 뜻이다. 언덕[구릉]은 험한 산도 아니고, 확 트인 들판도 아닌 야트막한 지역을 말한다.

파주의 산들은 그리 높지 않다. 한반도는 동쪽이 높고 서쪽이 낮은 동고서저[東高西低] 지형으로, 경기 동북부 지역에는 높은 산지가 있는 반면, 파주와 같은 경기 서부 지역에는 높은 산이 많지 않다. 파주에 있는 산 중 가장 높은 산은 감악산[675m]이고 고령산[621m], 파평산[495m], 비학산[450m], 노고산[400m], 박달산[369m] 등 비교적 낮은 산들이 분포하고 있는 반면, 경기 동북부 지역의 가평군에는 화악산[1,464m], 석룡산[1,153m], 청계산 귀목봉[1,036m], 사향봉[1,013m] 등과 같은 험준한 산이 있고, 양평군에는 용문산[940m], 폭산[992m] 등과 같은 높은 산이 있다. 이처럼 경기 동북부 지역의 높은 산들과 비교해 보면, 파

주 지역은 대체로 구릉지로서 완만한 지역이라는 것을 알 수 있다.

파주의 어원이 되는 파평坡平은 고구려 장수왕 때 '파해평사현坡害平史縣'이라는 지명과 통일신라 경덕왕 때 파평현坡平縣이란 이름으로 처음 등장하는데, 이는 언덕과 평지가 골고루 섞인 지형이라 해서 붙여진 이름이라고 한다. 파주 지역 내에서도 오래전부터 '언덕 파坡'가 붙는 지명은 '마루언덕이라는 뜻'라 하여, 장파리는 장마루, 금파리는 금마루 또는 쇠마루로 불렀고, 동파리는 해마루로 불렀다. 파주 이외에 '언덕 파坡' 자가 들어가는 대표적인 지명으로는 서울 송파구松坡區와 청파동靑坡洞이 있다. 송파松소나무 송, 坡언덕 파는 소나무의 푸른 숲이 덮여 있는 언덕이란 뜻에서, 서울 용산구의 청파靑푸를 청, 坡언덕 파는 푸른 언덕이라는 뜻에서 붙여진 이름이다.

물론 파坡는 제방둑이란 뜻도 있다. 그래서 파주시에서 2009년 발간한 『파주시지坡州市誌』에는 파주를 '제방이 많은 고을'이란 뜻으로 해석하기도 했다. 고대로부터 임진강가에 자연 제방이 길게 축성돼 있어, 제방이 많은 고을로 해석한 것이다.

그러나 필자는 '파주는 언덕이 많은 고을'로 보는 것이 타당하다고 생각한다. 다른 지역의 지명을 참조해 보더라도 언덕에서 유래된 지역은 대체로 '언덕 파坡'를 사용하고 있고, 제방에서 유래된 지역은 '둑 제堤'를 사용하기 때문이다. '둑 제堤'를 사용하는 대표적인 지명으로는 충북 제천시堤川市가 있다. 제천시는 유명한 저수지 '의림지'의 둑을 막은 것과 연관된 도시이름이다. 제천 의림지와 함께 우리나라에서 가장 오래된 저수지인 김제 벽골제, 밀양 수산제 등과 같이 둑제방을 축조한 것과 인연이 있는 지명에는 '둑 파坡'를 사용하지 않고 '둑 제堤'를 사용한다.

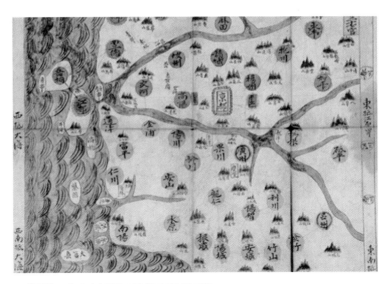

『동람도』에 나타난 조선 시대 전기 경기도 지도

　고을 주州를 쓰는 지명은 큰 고을이나 전략적 지역에만 사용한다고 한다. 전국적으로 보면, 경기도의 파주·양주·남양주·광주·여주를 비롯해 전라도 광주·전주·나주·완주, 경상도 경주·진주·영주·상주·성주, 강원도 원주, 충청도 청주·충주·공주, 제주도 제주 등 20여 곳에 불과하다.

　파주는 예로부터 임진강과 한강이 만나고 경기도·황해도·강원도 삼도로부터 길이 모이는 교통의 요지이자, 서울에서 중국을 오가는 길목이다. 이에 따라 오고가는 유동 인구가 많고, 전파되는 외래 문명이 많아 배타적이지 않고 개방적인 문화를 가지고 있다.

2.
삼국 시대부터 전략적 요충지인 파주

고대로부터 파주 지역은 한강과 임진강을 끼고 있는 지정학적으로 매우 중요한 요충지로, 치열한 쟁탈전이 있었다.

삼국 시대에 최초로 파주 지역을 장악한 것은 백제의 근초고왕이었다. 백제는 파주 지역을 술미홀지금의 파주읍 지역, 천정구지금의 교하동 지역, 난은별지금의 적성면 지역, 야아지금의 장단면 지역 등 네 개 지역으로 나누어 통치했다. 술미홀이란 말은 수성首城 또는 장성長城의 뜻으로 여러 성중에서 '우두머리 성'으로 파주 지역이 삼국 시대 전략적 요충지이자, 최전방 국경 지역임을 보여 준다.

그후 백제와의 전쟁에서 승리한 고구려 장수왕475년은 파주 지역을 파해평사현지금의 파평면 지역, 술이홀현지금의 파주읍 지역, 칠중현지금의 적성면 지역, 천정구현지금의 교하동 지역, 장천성현지금의 장단면 지역 등 5개 현縣을 설치하였다.

통일신라 경덕왕^{757년} 때 파해평사현을 파평현으로, 술이홀현을 봉성현으로, 칠중현을 중성현으로, 천정구현을 교하군으로, 장천성현을 장단현으로 지명을 바꿨다.

고려 명종^{1174년} 때에는 파주 지역을 서원현으로 불렀으며, 조선 시대 세조^{1469년} 때에 이르러 파주목^{坡州牧}으로 격상되었다. 세조의 왕비인 정희왕후가 파평 윤씨로, 파평을 예우하기 위해 목^牧으로 승격하면서, '고을 주^州'를 쓰는 '파주'가 된 것이다. 1895년 고종 때 파주목이 다시 파주군으로 변경되었다가, 1996년 파주군은 인구 증가에 따라 마침내 파주시로 승격되었다.

고을의 관청이 어디에 있느냐에 따라, 행정과 상업의 중심지가 달라진다. 관리들의 출입과 백성들의 왕래가 많아짐에 따라 도로망이 발달하고, 관청 주변으로 상품 거래와 교역이 활발해지면서 상권이 형성되기 때문이다. 파주의 관청은 몇 차례 이전하였다. 조선 말까지 파주목과 파주군의 관아^{官衙}는 주내읍^{지금의 파주읍}에 있었으나, 일제가 1904년 경의선 철로를 부설하면서 군청을 문산으로 옮겼다.

경의선 철로를 부설할 당시, 원래 노선은 군청이 있던 주내읍^{파주읍}을 경유하는 것으로 되어 있었는데, 기차를 처음 보는 주내읍^{파주읍} 사람들이 '철마에 귀신이 들어온다.'고 반대해서 노선을 문산으로 변경했다고 한다. 이러한 현상은 북한 지역인 개성에서도 나타나 개성역도 개성 시내에서 걸어서 30분 이상 떨어진 곳에 건립했다고 한다.

그리고 한국전쟁 당시 1·4 후퇴 때 문산 지역이 민간인 출입 통제 구역으로 되면서, 지금의 금촌 지역으로 군청을 임시 이전한 것이 현

재의 시청 자리에 이르고 있다. 경의선 철로와 1·4 후퇴가 파주읍과
문산읍의 운명을 바꾸고, 금촌을 신흥 지역으로 급부상하게 만든 것
이다.

Ⅱ 파주의 인물

파주를 만나다

1.
파주삼현인가 파주오현인가?

삼현이란 문묘文廟, 공자를 받드는 사당에 위패位牌, 이름을 적은 나무패가 모셔져 있는 유학에 뛰어난 학자, 즉 유현儒선비 유, 賢어질 현 중에서 세 사람三賢을 말한다. 우리나라 유현은 18명인데, 이중에서 파주 출신 율곡 이이와 우계 성혼은 18현에 위패가 모셔져 있다. 그리고 말년을 광탄면 창만리에서 보낸 남계 박세채도 18현에 위패가 모셔져 있다. 박세채의 호 '남계'는 광탄면 창만리에 있는 개울 이름이고, 박세채는 율곡 이이와 우계 성혼의 문묘文廟 문제를 확정시키는 데 크게 기여한 인물이다.

필자가 과문하고 자료 수집 노력이 부족해서 그런지 모르지만 파주 삼현 선정 기준과 선정 과정을 설명해 주는 명확하고 공식적인 자료는 아직 찾지 못했다. 파주시에서 발간한 『파주시지披州市誌』를 비롯한 각종 자료에는 파주 삼현이라 함은 윤관 장군, 방촌 황희, 율곡 이이를 말한다. 윤관 장군과 방촌 황희는 우리나라 18현에 모셔져 있지 아니하고, 율곡 이이만 18현에 포함되어 있다. 따라서 파주 삼현이라 함은 유교에서 일컫는 우리나라 18현 중에서 파주 출신을 선정한 엄격한 개념으로 사용한 것이 아니라, 파주 출신 중 뛰어난 학자를 일컫는 일반적 의미로 사용되었다고 볼 수 있다.

그런데 최근 파주시에서 발간한 『삼현수간』이라는 서간문집^{편지글}모음에 등장하는 삼현의 주인공은 율곡 이이, 우계 성혼, 구봉 송익필로 확장되었다. 『삼현수간』을 지은 구봉 송익필은 우리나라 18현에 포함되지 않았지만 조선 시대 뛰어난 학자로 이름이 높다. 그동안 파주시에서 발간한 자료에서 일반적으로 일컫는 파주 삼현과 최근 파주시가 발간한 『삼현수간』에 등장하는 삼현의 인물이 다름에 따라, 파주 삼현의 개념과 선정 기준을 재정립할 필요가 있다. 유교의 관점

유교배향
유교에서는 공자를 비롯한 중국의 성인 4聖^{안자,증자,자사,맹자}, 공자의 제자 10철哲, 송나라 현사 6현賢과 우리나라 18현賢을 기린다. 우리나라 18현은 최치원, 설총,안유, 정몽주, 정여창, 김굉필, 이언적, 조광조, 김인후, 이황, 이이, 성혼, 조헌, 김장생, 송시열, 김집, 박세채, 송준길이다.

문묘
문묘는 문선왕묘文宣王, 廟사당 묘의 약칭으로 문선왕은 공자를 가리키는 말이다. 당나라 현종이 공자의 덕을 기리기 위해 공자를 문선왕으로 높여 부른데서 비롯된 말이다.

『삼현수간』, 구봉 송익필, 우계 성혼, 율곡 이이 사이에 왕래한 편지를 후대에 4첩帖으로 제작한 것이다. 삼성미술관 리움 소장.

에서 우리나라 18현을 기준으로 하면, 파주 출신 유현儒賢 율곡 이이와 우계 성혼 그리고 서울 출신이지만 광탄면에서 말년을 보낸 박세채만 해당된다. 그러나 우리나라 18현에는 포함되지 않지만, 우리가 자랑스럽게 여기는 파주를 빛낸 학자와 선비는 더 많이 있기 때문이다.

이러한 흐름에 따라 최근에는 파주 오현五賢으로 확대하자는 주장이 조심스럽게 제기되고 있다. 이럴 경우 파주 오현은 기존 파주 삼현으로 일컫는 윤관 장군, 방촌 황희, 율곡 이이와 더불어 『삼현수간』에 나오는 우계 성혼, 구봉 송익필 등 5명이 되는 것이다. 필자의 생각에 파주 육현六賢이 된다면, 파주 오현에 박세채가 포함되어야 한다고 본다.

2.

문무를 겸비한 윤관 장군

파주 삼현 중 가장 오래된 인물인 윤관 장군은 고려의 개국공신이
자 파평 윤씨의 시조인 윤신달의 5세손으로 지금의 파평면 금파리에
서 태어났다. 출생 연도는 정확히 기록된 바 없다. 윤관 장군은 어려
서부터 책 읽기를 좋아하고, 무술에도 뛰어난 재주를 보여 문무를 겸
비한 인물이다. 1073년 고려 문종 때 문과로 급제及第, 합격하여 여러
관직에 올랐다. 그러나 여진족의 침입에 대비하기 위해 윤관 장군은
별무반이라는 정예부대의 양성을 건의하여, 1104년 기마병으로 구
성된 신기군과 보병으로 구성된 신보군 등으로 편성된 별무반이 설
치되었다.

윤관 장군은 1107년 여진 정벌을 총책임지는 임무를 부여받고 17
만 대군을 이끌고 여진 정벌에 나서 압승하여 여진족 거점에 9성을
축조윤관의 9성하고, 백성을 이주시켜 정착시키는 길을 열었다. 그 뒤

여진은 9성을 돌려달라고 요청하며 고려와 평화협상에 나서자, 조정은 9성을 여진에게 돌려주었다. 그러자 윤관을 시기하고 음해하던 조정 세력은 윤관에게 '무모한 전쟁으로 국력을 소모시킨 자'라는 억울한 누명을 뒤집어 씌워 결국 윤관 장군은 모든 벼슬을 내려놓고 고향 파주로 낙향하여 책을 읽다 1111년, 생을 마쳐 지금의 광탄면 분수리에 묻혔다.

윤관 장군은 문과로 급제한 문관이다. 그런데 무관처럼 장군으로 불리는 이유는 무엇일까? 그 이유는 여진 정벌과 영토 확장의 큰 업적을 남겼기 때문이다. 윤관 장군은 문과로 급제한 후 여러 관직에 올랐으나, 국방에도 많은 관심을 두고 학식을 쌓았다고 한다. 윤관 장군은 삼국을 통일한 김유신을 연구하면서 '전쟁도 지성으로 이루어진다. 나도 그렇게 할 수 있다'는 교훈을 얻었다고 한다.

윤관 장군은 어떻게 해서 대망의 여진 정벌길에 나서게 되었을까? 고려 숙종 때 그동안 고려에 신하의 예를 갖추고 복속하던 여진의 세력이 커지자, 고려도 여진의 침입에 대비하게 되었다. 이에 숙종은 임간이라는 장수를 보내 여진족을 막게 했는데, 임간은 여진과의 첫 전투에서 참패하고 말았다. 그 후임으로 윤관이 발탁되어 여진 정벌의 책임을 맡게 된 것이다.

윤관도 여진과의 첫 전투에서는 패배했다. 보병만 있는 윤관의 부대는 기마병이 주력 부대인 여진의 기동력을 이길 수 없었다. 그 후 여진의 기마병 위력을 경험했던 윤관 장군은 이에 대비하기 위해 기마병인 신기군과 보병인 신보군 등으로 별무반을 설치한 것이다. 예종으로부터 윤관 장군은 여진 정벌의 원수로 임명되어, 부하 장수 척준경과 함께 17만 대군을 이끌고 여진 정벌에 나서 여진 땅을 점령하

윤관 표준영정, 『표준영정도록』(문화체육부, 1993)

고 동북 9성을 축조하여 영토를 넓혔다.

　윤관 장군은 여진 정벌의 영웅임에도 왜 모함을 받았는가? 윤관의 9성은 고려의 영토를 넓히고 국경선을 확장한 쾌거이다. 조선 시대 세종 때에도 여진 정벌과 함께 '4군 6진'이 설치되었는데, 이때도 윤관의 9성이 크게 주목을 받았다고 할 정도이다. 그럼에도 어떻게 윤관 장군은 여진 정벌 패배의 불명예를 뒤집어쓰고 쓸쓸히 낙향하게 되었을까?

　여진은 윤관의 9성 설치 후 더 이상 고려와 전쟁은 승산이 없다고 보고, 고려에게 9성만 돌려주면 종전처럼 고려를 임금의 나라로 받들며 신하의 예를 갖추겠다고 화친^{평화협상}을 시도했다. 여진의 화친^{和親} 제안에 고려 조정은 화친을 주장하는 주화파^{主和派}와 여진과의 전쟁을 주장하는 주전파^{主戰派}로 갈렸고, 주화파의 득세로 9성을 여진으로 돌려주기로 결정했다. 한 발 더 나아가 최홍사를 비롯한 주화파는 여진 정벌의 공신인 윤관이 조정에 들어와 권력을 장악하는 것을 막기 위해 윤관에게 '무모한 정벌로 국력만 낭비하게 됐다'는 누명을 씌우고 모함을 하게 된 것이다.

파평산에는 윤관이 말을 타고 무술 훈련을 했다는 치마대가 있다. 또 지금의 법원읍 웅담리에는 윤관의 별장지였던 상서대가 남아 있다. 상서대에는 윤관의 애첩 웅단이 있었는데, 전장에 나간 윤관을 기다리던 웅단이 못에 몸을 던졌다 하여 곰소로 불리며, 이를 한자화해서 웅담熊潭이 되었고, 웅담리라는 지명의 유래가 되었다.

파평면 늘노리에는 윤신달의 탄생 설화를 담은 연못인 '용연'이 있고, 교하동 당하리, 와동리 일대에는 파평 윤씨 정정공파 묘역이 보존되어 있다. 이 묘역에는 조선 시대 세조의 왕비인 정희왕후의 부친 윤번, 중종의 왕비인 문정왕후의 부친 윤지임 등 부원군임금의 장인 묘 3기와 정승 묘 5기에 판서 묘 8기, 승지 묘 12기, 참판 묘 30기인 것에서 가문의 세력을 알 수 있다.

3.
판서 5번, 정승 3번을 역임한 황희 정승

    황희 정승은 고려 말 개성 방촌에서 장수 황씨 가문에서 1363년 태어났다. 황희의 호인 방촌은 그가 태어난 개성 방촌에서 따온 것이고, 현재 파주시 탄현면에 있는 '방촌로지방도 359'라는 도로의 지명유래가 되었다.

    황희는 고려 말 과거에 급제 했으나 고려가 망하자 개성 두문동에서 운둔하다가 조선을 건국한 태조 이성계의 강력한 요청으로 조정에 들어갔다. 황희는 세종대왕 아래서 18년 동안 영의정을 한 것을 포함, 28년 동안 관직에 있으면서 5판서 3정승을 두루 역임한 파주가 낳은 큰 인물이다. 황희는 성품이 어질고 침착하며 사려가 깊은 데다 청백리로도 이름이 높았다.

    특히 황희는 세종대왕왕자시절 충녕대군의 즉위를 반대하는 강직한 언행으로 귀양을 갔다가 다시 조정으로 복직한 사실이 있어, 세종과의 인연은 각별하다. 황희는 세종대왕의 아버지 태종 임금이 장남인 세자 양녕대군은 임금이 될 자질이 부족하다고 여겨 세자를 폐위하고, 셋째 아들인 충녕대군을 세자로 삼자 이를 강력히 반대하였다. 그 결과 태종의 미움을 받은 황희는 파주시 교하 지역으로 유배를 가게 된다. 그러다가 다시 전라도 남원으로 옮겨서 5년간 더 귀양살이를 했다. 이 때 남원에서 유배생활을 하던 황희가 지은 정자가 『춘향전』에 나오는 그 유명한 '광한루'이다.

충녕대군이 임금으로 즉위한 후, 유배 중인 황희를 조정으로 다시 불러 들였다. 세종대왕은 자신이 세자가 되는 것을 황희가 반대했지만, 그의 사람 됨됨이가 바르다는 것을 알고 과감히 등용하였다.

황희는 87세에 관직에서 은퇴한 이후 현재의 문산읍 사목리에 반구정伴鷗亭, 벗 반, 갈매기 구, 정자 정이라는 정자를 짓고 갈매기를 벗 삼아 여생을 보내다가 1452년 90세를 일기로 생을 마감한, 역사에 남을 거목이다. 황희의 장례식 날 임금 문종은 현재의 탄현면 금승리 묘지 근처까지 행차해 장례를 지켜보며 눈물을 삼킬 정도로 극진히 추모했다. 조선 시대에는 임금이 신하의 장례식에 가는 것은 매우 드물고 이례적인 사건이었다. 문종은 황희의 장례식을 마치고 궁으로 돌아가는 길에 황희의 학식과 덕망을 널리 알리라는 의미로「글월 문文」글자가 들어가는 마을 이름을 두 개 지어 주었다. 그 중 하나의 마을은 황희의 묘지가 있는 탄현면 금승리에 인접한 현재의 탄현면 문지리文智里이고, 다른 하나의 마을은 현재의 교하 문발동文發洞이다.

황희는 조선을 건국한 태조부터 문종까지 조선 초기 임금을 5명 모시고, 관직 생활 28년 동안 판서 5번, 영의정을 포함 정승 3번을 했고

황희의 표준영정. 『표준영정도록』(문화체육부, 1993)

90세로 장수했다. 실로 엄청난 업적을 쌓고 천수를 누리는 일생을 기록했다. 한편 황희의 셋째 아들 황수신도 1467년 영의정에 올라, 조선 왕조에서 전무후무하게 2대에 걸쳐 영의정에 오르는 명문 대가의 면모를 보여 주고 있다.

판서와 정승이 얼마나 높은 직위인지, 조선 시대 관직 체계를 알아

〈조선 시대와 지금의 관직 간략비교〉
정1품현 국무총리급 : 영의정, 좌의정, 우의정, 부원군임금의 장인, 대군왕자 등
종1품현 부총리급 : 좌찬성, 우찬성 등
정2품현 장관급 : 6조판서, 한성부 판윤현 서울시장, 대제학, 좌참찬, 우참찬 등
종2품현 차관급 : 6조참판, 관찰사, 대사헌 등
정3품현 차관보급 : 6조참의, 승지도승지, 좌승지, 우승지, 좌부승지, 우부승지, 동부승지 등

보고 현재의 관직과 비교해 볼 필요가 있다. 조선 태조 때 이방원은 '왕자의 난'을 일으켜 그의 형 정종을 임금에 앉히고, 신하들의 힘을 약화시키기고 왕권을 강화하기 위해 의정부를 만들어 3정승제를 도입한다. 3정승은 의정부의 최고 수장인 영의정, 우의정, 좌의정을 말하며 정1품에 해당한다. 영의정은 재상의 지위를 뜻하므로 '영상'으로 부르는데 사극에서 흔히 볼 수 있다. 좌의정은 '좌상', 우의정은 '우상'이라고 부른다. 영의정은 임금을 빼고 최고위 관직이므로 '단 한 사람의 아래이고, 모든 사람의 위'라는 뜻의 '일인지하 만인지상一人之下 萬人之上'이라 부른다. 현재의 관직에서도 국무총리를 부를 때 대통령만 빼고 최고위 관직이므로 '일인지하 만인지상'이라 비유한다. 따라서 영의정은 현재의 국무총리급에 해당되며, 3정승은 현재의 관직과 딱 떨어지게 일치하는 것은 아니지만 국무총리급으로 보는 견해가 우세하다. 황희가 정승을 세 번 했다는 것은 현재의 잣대로 보더라도 대단한 일이 아닐 수 없다. 판서는 정2품으로 6조이, 호, 예, 병, 형, 공의 으뜸가는 벼슬이자 수장으로 이조판서, 호조판서, 예조판서 등으로 불리며, 지금의 장관급에 해당한다. 황희는 이조판서 두 번, 호조판서, 공조판서, 예조판서 각 1번 등 5번 판서를 역임하였다.

황희와 관련해 농부의 가르침이라는 이야기는 유명하다. 고려 말 벼슬을 하고 있던 황희가 어느 날 들판을 지나게 되었는데, 농부들이 소를 몰며 논을 갈고 있었다. 황희가 농부에게 '두 마리의 소 중에서 어느 소가 일을 더 잘하오?'하고 물었더니, 농부는 황희에게 다가와 옷소매를 잡아당겨 소들이 보이지 않는 곳으로 데리고 가더니 귓속말로 어느 한쪽 소가 일을 더 잘한다고 답했다. 이에 황희가 농부에게 '어느 소가 일을 잘한다는 말이 무슨 비밀이라고 귓속말로 하시오?'하고 물으니, 농부는 '말 못하는 짐승이라도 자기를 흉보면 기분을 상하게 돼, 일을 잘 못하게 된다.'고 답해 황희가 크게 깨달은 바가 있다는 우화 같은 이야기이다.

한편 황희의 놀라운 기록을 보면서 현대사에서 학문의 깊이와 성품과 덕망은 논외로 하더라도, 관운만큼은 타의 추종을 불허하는 인물이 떠오른다. 37세에 전남도지사가 된 이래, 청와대 수석비서관, 장관 세 번, 국회의원 한 번, 서울시장 두 번, 국무총리 두 번 등 화려한 공직생활로 유명한 고건 전 국무총리는 직업이 국무위원이라는 말이 무색하지 않을 정도로 당대 최고의 관운이 아닐 수 없다.

4.
공부의 신, 구도장원공 율곡 이이

　율곡 이이는 1536년 강원도 강릉에서 태어났다. 율곡이라는 호는 조상 대대로 살아온 파평면 율곡리에서 따왔다. 어려서부터 학문에 뛰어나 8세 때 임진강변에 있는 화석정에 올라 시를 지었는데 이를 화석정 8세부시八歲賦詩, 8세 때 지은 시라 한다. 율곡은 23세에 '천도책'을 지어 과거에 장원급제수석합격한 것을 비롯해 아홉 차례의 과거에 장원급제해서 '구도장원공九度壯元公'으로 불린다. 율곡은 고향 파주에 대한 관심이 높아 1560년 조선 시대 향촌 자치규약인 파주향약을 직접 만들었다. 1582년에 이조판서, 1583년에 병조판서가 되어 선조에게 시무육조時務六條를 바치며 십만양병설 등의 개혁안을 주장하였다. 율곡은 1584년 49세의 나이로 서울에서 생을 마치고 파주 법원읍 자운산에 묻혔다. 숙종 때 문묘文廟, 공자를 받드는 사당에 우리나라 18현으로 우계 성혼과 함께 배향配享, 사람의 신주를 사당에 모심되었다.

율곡은 조선을 대표하는 최고의 성리학자일 뿐만 아니라 경세가요, 사상가, 교육자, 철학자이다. 조선 성리학은 율곡 이이를 중심으로 하는 기호학파와 퇴계 이황을 구심으로 하는 영남학파가 양대산맥을 이루고 있다. 율곡의 사상은 백인걸, 성수침, 성혼, 송익필 등 파주 출신 학자들과 함께 파산학파 형성에 영향을 끼쳤다.

율곡이 8세 때 아버지를 따라 파주로 이사 와서 화석정에 올라 지었다는 8세부시八歲賦詩를 살펴보자. 부賦, 부세 부라는 한자는 '한시를 짓는다, 읊다'라는 의미가 있다. 한시의 내용을 한글로 옮겨 보면 아래와 같다.

숲 속 정자에 어느새 가을이 깊으니 시인의 생각이 한이 없어라
먼 강물은 하늘에 닿아 푸르고 서리 맞은 단풍은 햇빛 받아 붉구나
산은 외로운 둥근 달을 토해 내고 강은 멀리서 불어오는 바람을 머금는다
변방 기러기는 어디로 가는가 처량한 울음소리 저녁구름 속에 그치네

8세의 어린 나이에 한시를 지은 율곡의 천재성에 경탄하지 않을 수 없다. 율곡의 이런 천재성은 과거시험에서도 나타나 아홉 번 과거에 도전해서 아홉 번 모두 장원급제하여 '구도장원공'이라는 별칭을 얻을 정도로 탁월하다. 요즘 시대로 보면 고시 9관왕을 한 것이다. 그것도 모두 수석합격한 공부의 신, 시험의 달인이라 할 수 있다.

율곡의 어린 시절과 관련되어 구전되는 일화도 유명하다. 어느 날 스님이 마당에 노는 아이를 바라보며, 호랑이에게 잡혀먹을 관상이

니 아이를 살리려면 뒷산에 밤나무 1,000그루를 심어 3년 후에 왔을 때까지 한 그루도 모자라거나 남아서는 안 된다며 사라졌다고 한다. 이에 아이의 아버지는 뒷산에 밤나무 1,000그루를 심고 가꿨고 3년이 지나 약속한 날 스님이 찾아왔다. 스님이 나무를 하나씩 세었는데 한 그루가 모자라자 호랑이로 변신했다. 그 때 어디선가 '나도 밤나무요 나도 밤나무'라고 하는 소리가 들려 쳐다보니, 이상한 나무 한 그루가 서 있었고, 딱 1,000그루가 되어서 호랑이는 도망쳤다 한다. 그 이상한 밤나무가 바로 '나도밤나무'라 불리는 나무라고 한다. 이러한 이야기는 밤나무가 많은 율곡리의 지명 유래와 관련해 전해 오는 이야기지만, 율곡과 관련해서는 믿거나 말거나 한 이야기에 불과하다.

율곡이 48세이던 1583년에 병조판서 지금의 국방부장관가 되어 임금 선조에게 시무육조를 올렸다. 시무육조 時務六條란 '시급히 해야 할 여섯 가지 일'이란 뜻으로 그 내용은 다음과 같다.

'너도' '나도'가 붙는 식물이름
이름 앞에 '너도, 나도'가 붙는 식물은 모양이 비슷하거나 특징이 닮았으나 다른 식물로 분류될 때 학자들이 붙이는 이름이라고 한다.
나도밤나무 외에 나도강낭콩, 나도닭의덩굴, 나도냉이, 나도송이풀, 너도바람꽃, 너도개미자리, 너도방동사니, 너도양지꽃 같이 다양한 종류가 있다.
너도와 나도는 이름 붙이는 데 차이가 있다고 한다. 원래의 종보다 열등한 느낌을 받는 식물이면 '너도'라는 이름이 붙고, 좀 우월한 경우에는 '나도'라는 이름이 붙는다고 한다.

율곡 이이의 표준영정. 『표준영정도록』(문화체육부, 1993)

첫째, 어질고 능력 있는 선비를 관리로 등용

둘째, 군사력과 백성의 삶을 양성

셋째, 나라의 재정 부강

넷째, 외적의 침입에 대비해 국경의 경계 강화

다섯째, 전쟁에 대비할 말馬을 준비

여섯째, 백성을 가르쳐서 사람의 도리를 깨닫게 할 것

율곡은 임진왜란이 일어나기 9년 전 국제정세를 정확히 내다보고, 십만양병설을 건의했으나 조정 대신들의 반대로 받아들여지지 않았다. 그 대신 황윤길과 김성일을 일본에 사신으로 보내 일본의 정세를 살피도록 하였다. 일본에서 1년 만에 돌아온 두 사람은 서로 다른 보고를 하였다. 서인이었던 황윤길은 일본이 반드시 침략할 것이므로 전쟁에 방비해야 한다고 보고하였고, 동인이었던 김성일은 반대로 보고하였다. 또다시 조정은 혼란과 내분에 휩싸였고 결국 임진왜란으로 이어져 선조는 한양을 버리고 의주로 피난길에 오르게 된다.

그런데 운명의 장난이듯 선조가 파주 임진나루에서 배를 타고 임진강을 건너 의주로 가는 피난길 길목에는 율곡이 8세 때 처음 올라 시를 지었던 화석정이 있었다. 선조가 임진나루에 도착했을 때, 칠흑 같은 어둠에 폭우가 내려 한 치 앞도 볼 수 없어 배를 타고 건널 수 없었다. 그런데 8년 전 세상을 뜬 율곡이 앞날을 예견하고 화석정에 미리 기름을 발라 두어서, 임금의 피난길에 불을 붙여 강을 건너게 도와주었다고 전해진다. 이 이야기는 사실 여부와 상관없이 율곡의 선견지명과 나라에 대한 충성심을 추앙하는 파주 사람들의 존경심의 표현이다. 유성룡이 쓴 징비록에 따르면 이날 밤 나무에 불을 놓은 것은 사실이다. 추격해 오는 왜군이 뗏목을 만들어 강을 건널 것에

징비록
징비(懲毖)란 '미리 징계해서 후환을 경계한다'는 뜻으로, 임진왜란 당시 영의정을 지낸 유성룡이 임진왜란이 일어난 원인, 경위, 정황, 외교 상황을 기록하여 다시는 같은 일을 겪지 않도록 반성하고 대비하자는 취지로 지은 책이다.

대비해 강가의 나무들에 불을 놓았는데, 그 불빛이 임금의 뱃길을 밝혀주었다고 한다.

율곡은 1583년 병조판서가 된 지 1년 후 1584년 49세에 생을 마감했다. 구봉 송익필과 우계 성혼 사이에 오고간 편지글을 모은 『삼현수간』에서도 병약했던 율곡이 건강문제를 자주 내비쳤음을 알 수 있다. 율곡이 죽기 한 달 전 구봉 송익필에게 쓴 편지에 보면, "저 역시 세상의 온갖 맛있는 음식이 모두 답답하기만 합니다. 이것은 배움과 관련된 일도 아니니 늙었다는 증거입니다. '임운천화任運遷化, 운명에 맡기고 자연의 변화에 따르다'해야지 어찌 하겠습니까?'라고 썼다. 십 수년이 지난 후 구봉은 율곡이 보낸 이 편지 끝에 구봉 자신의 글씨로 이런 말을 덧붙였다.

이 서찰은 율곡이 처음 발병했을 때 보낸 것이다. 죽는다는 것을 미리 알았고 한 달 뒤에 율곡은 먼 길을 놀러갔다. 이 편지를 볼 때마다 늘 마음이 아프다

율곡의 병약함은 우계 성혼이 구봉에게 보낸 편지에도 나온다.

율곡은 크게 어진 사람이라 한 번 누워 열흘 동안 있더니만, 순식간에 세상을 떠났습니다.

같은 향촌 파주에서 학문과 사상을 교류했던 율곡과 우계 성혼, 구봉 송익필 세 사람의 성현 중 가장 젊었던 율곡1536년생이 우계 성혼1535년생, 구봉 송익필1534년생 보다 먼저 세상을 등지고 만 것이다.

5.
문묘에 배향된 우계 성혼

우계 성혼은 율곡보다 한 살 위로, 1535년 서울 순화동에서 태어났다. 파산학파의 중심 인물인 아버지 성수침을 따라 지금의 파평면 늘노리로 이사와 성리학의 대학자로 성장했다. 성혼의 호 우계는 파평면 소개울 마을을 한자화한 우계牛溪에서 따왔다. 성혼은 같은 고을인 파평면 율곡리에 머물던 율곡 이이와 교류하면서, 평생을 함께하는 학문과 사상의 동반자가 되었다. 정치적으로도 율곡과 같은 서인의 정치 노선을 걸었다.

성혼은 생원과 진사 초시1차 시험에는 합격하고도 복시2차 시험에는 응하지 않고 학문에 매진했다. 조정에서 적성현감 등 여러 관직을 맡을 것을 요청했음에도 불구하고, 대부분 관직을 사양하였다. 율곡이 이조판서지금의 장관급로 있으면서 강력하게 권유하여 이조참의지금의 차관보급에 오르고, 곧이어 이조참판지금의 차관급에 등용되었다. 율곡이 세

우계 성혼

상을 뜬 후 서인의 지도자가 되어 관직에서 물러나려고 했으나 허락되지 않았다. 우계 성혼은 세상을 뜬 후 파평면 파산서원에 제향^{祭享}_{제사를 모심}되었고, 숙종 때 문묘에 우리나라 18현으로 율곡 이이와 함께 배향되었다.

우계 성혼과 율곡, 구봉 송익필 사이에 오고간 편지글을 편찬한 『삼현수간』에 보면, 우계의 강직한 성격을 잘 알 수 있다. 하루는 율곡이 우계, 구봉과 더불어 집 짓고 모여 살았으면 좋겠다는 마음으로 응담리에 집을 짓기 위해 세 사람이 같이 집터를 보고 왔다. 이에 대해 우계가 구봉에게 보낸 편지를 보면 '헛일', '인생 허비'라며 불편하고 못마땅한 심경을 내비친다.

오직 몇 칸의 초가집을 장만하여 살면서 서가 하나에 책을 가득 꽂아 놓고 그 가운데에서 실컷 탐독하려 한 가지 도리를 대강이나마 엿보는 것을 지극히 간절하고 지극히 소중한 일로 이겁니다. 어찌 헛일에 빠주하이 토지를 구하고 집을 짓느라 남은 인생을 허비하는 것이 합당한 일이겠습니까?

결국 율곡의 생각이었던 웅담리에 세 사람이 함께 살 집을 짓는 계획은 이루어지지 못했다.

한편, 임진왜란 중 의주로 피난길에 오른 선조 임금이 파주를 지나가다 성혼의 집이 어디인지 물었는데, 옆에 있던 대신이 '저기 보이는 집이 우계의 집'이라고 거짓으로 답했다. 실제로 성혼의 집은 대신이 말한 그곳에 있지 않았고, 성혼은 그 시간에 임금의 피난 소식은 듣지 못했기 때문에 달려가 알현謁見, 높은 사람을 찾아뵘하기가 불가능했던 것이다. 그럼에도 선조는 성혼이 미필적 고의로 알현하지 않았다고 성혼을 미워했다고 전해 온다.

파산서원은 성혼과 그의 아버지 성수침, 숙부 성수종과 함께 파주 출신 성리학자 휴암 백인걸의 위패를 모신 곳으로 효종 때 사액賜額, 임금이 현판액자를 하사함을 받았으며, 뒷날 흥선대원군의 서원 철폐령에서도 살아남은 전국 47개 서원 중 하나가 되었다.

6.
『삼현수간』을 편찬한 구봉 송익필

구봉 송익필은 우계 성혼^{1535년생}보다 한 살 위, 율곡 이이^{1536년생} 보 다 두 살 위로 1534년 교하 심학산 자락에서 태어난 것으로 알려져 있으나, 고양시 출신이라는 이야기도 있어 정확치는 않다. 심학산 남 쪽 산남리 마을에는 구봉 송익필이 살았다 하여 유허비^{遺墟碑, 자취가 있 는 곳에 세운 비}를 세웠다.

조선 성리학의 중심 인물이면서 예학의 거두로 일컬어지는 송익필 은 어려서부터 천부적으로 머리가 뛰어나 특별히 스승 없이 스스로 책을 보고 학문을 익혔다고 한다. 송익필^{교하 산남리}은 같은 고을에 살 던 율곡 이이^{파평면 율곡리}, 우계 성혼^{파평면 늘노리}과 송강 정철^{고양 덕양} 등 과 교류하며 학문을 완성해 나갔다. 율곡이 23세에 '천도책'으로 장원 급제하자 많은 선비들이 학문의 깊이를 알아보기 위해 질문을 던졌 는데, 율곡은 "구봉에게 가서 물어 보라."고 송익필이 더 재주가 뛰어

구봉 송익필

나다고 소개했다 한다. 그러자 선비들이 송익필을 찾아가 논쟁을 벌였는데, 송익필의 거침없는 언변과 학문의 깊이에 선비들이 탄복하여 송익필의 명성은 높아지게 되었다 한다.

송익필은 학문이 높고 뛰어났지만, 벼슬에 나서지 않았다. 송익필의 할머니가 천첩賤妾, 종이나 기생으로 첩이 된 사람 소생이라는 점은 송익필에게 큰 장애가 되었기 때문에 벼슬보다는 학문에 전념하게 되었다. 임진왜란 당시 최고의 충의 지사였던 조헌과 김장생도 송익필에게서 가르침을 받아 조선 후기 예학의 대가가 된다. 송익필의 버팀목이 돼주었던 율곡이 죽고1584년, 송익필의 나이 53세 되던 1586년선조 9에 정쟁에 휘말려 송익필 일가는 성과 이름까지 바꿔가며 뿔뿔이 도망다니다 유배를 가게 되었다. 유배에서 풀려난 후 충남 당진을 은신처로 삼아 후학들을 가르치고 학문에 열중하며 말년을 보내다 66세 되던 1599년 송익필은 생을 마감하였다.

송익필은 율곡 이이와 우계 성혼에게 편지를 주고받으며 많은 의견을 구해 정치와 학문을 발전시켰다. 세 사람 사이에 오고간 서간집이 송익필이 편찬한 『삼현수간』이다. 말년에 송익필은 충청도 당진 숨은골에 은거하면서 죽기 얼마 전 율곡 이이, 우계 성혼 세 사람 사이에 그동안 오고간 편지를 모아 아들에게 책으로 묶으라고 지시해, 책 이름을 현승편'玄繩編, 검은 끈으로 묶은 책'이라 하였다. '현승편'이라는 서책을 후대 문인들이 '세 사람의 현자가 쓴 편지'라는 뜻의 '삼현수간三賢手簡'으로 고친 것이다. 세 사람의 친필 글씨첩인 『삼현수간』은 2004년 보물 1415호로 지정되었으며, 삼성미술관 리움에 소장되어 있다. 파주시에서 2016년 발간한 한글판 『삼현수간』은 삼성미술관에 있는 원본을 한글로 알기 쉽게 번역한 것이다.

송익필은 『삼현수간』현승편을 편찬하는 이유를 서문에 이렇게 밝히고 있다.

나는 우계와 율곡, 두 사람과 가장 친하게 지냈다. 지금 둘 다 세상을 떠나고 나만 살아 있다. 나도 며칠이나 더 살다가 벗들을 따라갈까. 아들 취대가 지난 전쟁으로 흩어지거나 없어지고, 남은 두 친구의 편지와 내가 답장한 글, 그리고 잡다한 기록을 약간 모아서 나에게 보여 주었다. 한데 모아서 질로 만들고 죽기 전에 보고 느끼는 자료로 삼기로 하였다. 또 우리 집안에 전하고자 한다.

7.
파산학파의 모태 휴암 백인걸

    휴암 백인걸은 1497년^{연산군 3}에 출생하였다. 월롱면 덕은리에 있는 용주서원이 백인걸의 옛 집터로 알려져 있다. 백인걸은 전국 사림의 영수이자 중종 때 개혁가였던 조광조를 스승으로 모시고 학문에 전념하다 늦은 나이인 41세에 문과에 급제했다. 조광조가 기묘사화로 사형을 받자, 백인걸은 세상을 한탄하며 금강산에 들어가 숨어 지내다가, 어머니가 점점 연로해지자 봉양을 하기 위해 뒤늦게 과거를 준비했다고 한다. 그러나 조광조의 제자라는 이유로 벼슬살이가 힘들었고 양주목사, 형조참판 등을 거쳤다.

    백인걸은 같은 파주 교하 출신인 문정왕후^{파평 윤씨, 명종의 어머니}의 수렴청정과 문정왕후의 동생 소윤 윤원형이 일으킨 을사사화를 반대하다 옥에 갇히고 유배생활을 하게 되었다가 75세에 은퇴해 파주로 돌아왔다. 파주 월롱 출신 백인걸은 동향인 파주 교하 출신 문정왕후와

을사사화와 파주

중종 제1계비 장경왕후 파평 윤씨는 인종을 낳았는데, 인종의 외삼촌 윤임 등을 대윤이라 한다. 중종 제2계비 문정왕후 파평 윤씨는 명종을 낳았고, 명종의 외삼촌 윤원형 등을 소윤이라 한다.

인종이 즉위하자 대윤이 소윤을 탄압했는데, 인종이 8개월 만에 승하하고 명종이 즉위하자, 전세는 역전되어 소윤이 문정왕후의 힘을 이용하여 대윤을 탄압하게 되었다. 이 사건을 을사사화라 한다. 이때 소윤 윤원형의 첩이었다. 훗날 부인이 되는 유명한 정난정이 등장한다.

그런데 대윤 윤임도 파평 윤씨 정정공파이고, 소윤 윤원형도 파평 윤씨 정정공파로 현재 파주시 교하동, 와동리와 당하리 문중 묘역에 함께 묻혀 있다.

을사사화 당시 같은 교하 출신에 같은 파평 윤씨 같은 문중에서 소윤과 대윤으로 대립하여 피비린내 나는 권력투쟁을 벌이고, 동향인 파주 월롱 출신 백인걸은 교하 출신 소윤을 정면으로 반대해 귀양까지 갔던 것이다. 축원을 하였다 하여 파라골이라고 불리다 팔학골도 되었다는 전설이 내려온다.

태릉은 조선왕릉 가운데 무덤 앞 석상이 가장 크고 중후하며 석물 등이 가장 잘 보존되어 온 중종의 두 번째 계비 문정왕후의 능이다. 사진은 태릉.

휴암 백인걸

윤원형을 반대할 정도로 강직한 인물이었던 것이다.

백인걸은 율곡과 성혼이 진정한 스승으로 삼았던 몇 안 되는 학자로서 파주를 근거로 하는 파산학파의 모태 역할을 했으며, 용주서원과 파평면 늘노리의 파산서원에 배향配享되어 있다. 백인걸의 호 휴암休庵, 쉴 휴, 암자 암은 월롱면 덕은리와 위전리 주변 도로명인 휴암로의 유래가 되었다.

8.
말년을 파주 광탄에서 보낸, 남계 박세채

박세채는 1631년^{인조 9} 서울 현석마을에서 출생했다. 박세채의 호가 된 남계^{南溪}는 지금의 광탄면 창만리 마을 앞을 흐르는 개울이다. 박세채는 율곡을 매우 존경하였으며, 말년을 광탄면 창만리에서 지낸 것으로 보인다.

효종이 승하^{薨오를 승, 逝멀 하 : 임금이 세상을 떠남}하자 효종의 어머니가 상복을 1년 입어야 하는지, 3년을 입어야 하는지를 두고 남인과 서인이 대립한 이른바 '예송논쟁^{禮訟論爭}'에서 박세채는 3년설을 주장한 남인을 반대하고 서인 송시열의 1년설^{기년설}을 지지하여 서인 측의 이론가적 인물이 되었다. 1674년 숙종이 즉위하고 남인이 집권하자 기년설을 주장한 서인 박세채는 관직을 박탈당하고 유배생활을 하였다. 그러나 1680년 '경신환국'으로 다시 등용되어 이조판서 등을 거쳐 우참찬^{정2품, 지금의 장관급}, 우의정·좌의정을 역임하며 소론의 영도자가 되

1차 예송논쟁禮訟論爭

효종이 승하昇遐하자 효종의 계모 조의대비가 상복을 몇 년 입어야 하는지 예법禮法
과 관련해 서인과 남인이 논쟁을 벌인 것으로, 송시열과 박세채 등 서인은 효종이 인
조의 둘째 왕자이므로 장자長子의 예로 할 수 없어 1년기년설 상복을 입으면 된다고
주장한 반면, 남인은 효종이 왕위를 계승했기 때문에 장자나 다름없으므로 3년간 상
복을 입어야 한다는 논리로 다퉈, 1차 예송논쟁에서는 서인이 승리했다.

경신환국庚申換局

경신년에 정국 주도권이 다시 뒤바뀐 사건. 1674년 남인은 서인을 몰아내고 정권을
잡았으나, 경신년1680년에 남인의 영수인 영의정 허적의 집에 잔치가 있는데, 그날
비가 왔다. 숙종이 영의정을 배려하여 임금만 사용하던 기름 먹인 천막을 허적의 집
에 보내려 하였으나, 이미 영의정이 가져가서 사용한 것을 알고 크게 노하여 남인이
쫓겨나고 다시 서인이 정권을 장악한 사건을 말하는데, 남인 입장에서는 대거 축출
당했다고 하여 '경신대출척庚申大黜陟'이라 부른다.

남계 박세채

었다.

박세채는 율곡 이이와 우계 성혼의 문묘^{文廟} 문제를 확정시키는 데 크게 기여하였으며, '예학의 대가'로 불리고 있다. 박세채는 1695년 ^{숙종 21년} 65세로 생을 마쳤는데 묘는 황해도에 있는 것으로 알려졌으며, 우리나라 18현 문묘에 배향되었고, 자운서원에도 제향되었다.

상복을 몇 년 입느냐 문제가 정국이 요동치고, 권력의 핵심이 뒤 바뀔 큰 사안인가?

예송논쟁은 일제 식민사학자들이 조선 역사를 사소한 일로 사사건건 당파싸움 만 하는 당쟁 망국론으로 규정지은 대표적인 소재였다. 그러나 예송 논쟁의 배 후에는 효종의 북벌론에 대한 입장과 평가가 엇갈린 남인과 서인 두 세력 간의 권력투쟁이 있었다.

9.
『악학궤범』을 편찬한 용재 성현

　　용재 성현은 1439년^{세종 21}에 문산 내포리에서 출생하여 과거에 합격한 후 형조참판, 강원도 관찰사, 평안도 관찰사, 경상도 관찰사, 예조판서 등을 두루 역임하였다. 성현은 조선 전기의 음악을 집대성한 『악학궤범』과 『용재총화』를 저술하였다. 『악학궤범』은 음악의 이론, 악기 편성과 연주 절차, 악기 제작과 연주법, 음악에 따르는 춤의 내용, 거기에 쓰이는 의상과 소품까지 글과 그림으로 정리하고 있다. 궤범^{軌範, 길 궤, 법 범}은 어떤 일을 판단하거나 행동하는 데에 본보기가 되는 규범이나 법도를 말하는데, 『악학궤범^{樂學軌範}』은 조선 음악^{악학}의 기준이자 실용적 지침서가 되었다고 한다. 성현이 죽은 뒤 수개월 만에 연산군에 의해 갑자사화가 일어나 부관참시^{무덤을 파고 관을 꺼내어 시체를 훼손하는 벌}를 당했으나, 뒤에 신원^{伸冤 원통한 일을 풀다}되었고, 청백리에 올랐다.

성현은 성종 때 지금의 장관급인 예조판서라는 고위직에 있으면서 어떻게 음악을 집대성한 『악학궤범』을 편찬했을까? 예조판서는 조선 시대 예악禮樂, 예법과 음악·제사·연향宴享, 국빈을 대접하는 잔치·외교·학교·과거 등을 관장한 예조의 장관이다. 예조는 지금으로 생각하면 문화관광부와 외교부, 교육부를 합친 업무를 하는 중앙부처였다. 따라서 성현은 예악 등을 담당하는 예조판서로서 음악의 이론과 법식을 집대성하는 책을 편찬하는 것이 본연의 임무라 볼 수 있으며, 특히 성현은 장악원궁중에서 연주하는 음악과 무용에 관한 일을 담당하는 관청에서 근무한 경험이 있어서 음악에 정통하였다.

가사의 내용을 주로 담은 책이 『악장가사樂章歌詞』이고, 음악의 악보를 위주로 한 것이 『시용향악보時用鄕樂譜』인데 비해, 『악학궤범』은 음악의 이론과 제도 및 법식을 주로 다루어 조선 시대와 고려 시대 예악 연구에 있어 귀중한 문헌이다. 학교에서 배우는 유명한 백제 가요, 〈정읍사〉와 고려 가요 〈동동〉 등이 『악학궤범』에 수록되어 있고 서울대학교 규장각에 소장되어 있다.

향토 사학자 정헌호 선생의 글에 의하면, 성현은 항상 새벽닭이 울 때 일어나 방 안에 정자세로 앉아 좌우에 책을 진열하고 손에서 책을 놓지 않았다고 한다. 성현이 지은 또 하나의 유명한 서적은 『용재총화』이다. 『용재총화』는 그의 호 용재에서 따온 것으로 역사적 사실뿐 아니라 민간의 재미있는 이야기를 모아 놓은 책이다. 『용재총화』에 들어 있는 유명한 이야기로는 최영 장군의 묘소에는 풀이 나지 않는다는 이야기나 성종 시대의 성추문 사건인 어우동 이야기 등이 있다고 한다.

10.
교하 노씨 노사신

노사신은 본관이 교하이며 1427년^{세종 9}에 태어났는데 출생지에 관한 정확한 기록이 없다. 본관이 교하인 교하 노씨는 고려 후기에 등장한 파주의 권문세족이다. 지금의 파주읍 백석리에 노사신과 교하 노씨 집안의 문중 묘역이 있다.

노사신은 27세이던 1453년^{단종 1} 문과에 급제하여 집현전 박사에 선임되어 여러 벼슬에 올라, 39세 되던 1465년에는 호조판서가 되어 『경국대전』 편찬을 총괄하였다. 44세이던 1470년^{성종 1} 의정부 좌찬성^{지금의 부총리급}에 올라 이조판서를 겸하였다. 지금으로 보면 부총리 겸 행정안전부 장관을 역임했다고 볼 수 있다. 69세이던 1495년에는 영의정에 올랐으나, 오래전 과거시험을 관장하는 문과독권관^{文科讀卷官}으로 근무할 때 친척을 합격시켰다는 이유로 비판을 받아 영의정을 사직하였다. 1498년^{연산군 4} 무오사화 때에 사건이 확대되는

경국대전

조선 시대 모든 법을 집대성한 법전으로 세조 때 노사신, 서거정, 강희맹 등이 편찬 작업을 시작했다. 1466년세조 6년 1차 편찬이 완료되었으나 보완을 계속하여, 1481 년성종 12년 완성하였다. 2004년 신행정수도 건설 헌법소원이 제기되었을 때, 헌법재 판소는 경국대전을 인용하여 신행정수도 건설이 관습헌법에 대한 위반이라고 결정 한 바 있다..

무오사화戊午士禍

조선의 4대 사화무오사화, 갑자사화, 기묘사화, 을사사화 중 무오戊午년에 일어난 첫 번째 사 화士禍. 사화士선비 사, 禍재난 화란 선비사림들이 화를 당했다는 뜻이다. 연산군 4년[1498] 년 무오년에 훈구파와 사림파가 대립할 때, 훈구파에서 사림파를 제거하기 위해 성 종실록 안에 있는 '조의제문'이라는 기록이 세조가 단종으로부터 왕위를 빼앗은 일 을 비방한 것이라고 하면서 '조의제문'을 쓴 사림파를 공격하여, 연산군은 사림파의 거두 김종직의 묘를 파헤치고 김일손이 죽는 등 사림파가 큰 화를 당했다. 사초인 성 종실록 내용을 들추어 일어난 것이라 하여 史禍史역사 사, 禍재난 화라고도 한다.

조의제문 사건

조의제문弔義帝文 이란 '의제를 조문하는 글'이란 뜻으로, 중국에서 '항우'가 초나라 왕 '의제'를 죽이고 왕위를 찬탈한 것을 빗대, 수양대군세조도 단종을 죽이고 왕위를 찬 탈한 것으로 세조가 정통성이 없다는 것을 비방할 목적으로 썼다고 공격

경국대전

것을 막아, 정치적 노선이 반대쪽에 있던 사람들의 목숨도 많이 구해
주었다. 무오사화가 마무리된 후 72세를 일기로 생을 마쳤다.

11.
『동의보감』을 편찬한 구암 허준

허준은 조선 시대의 대표적인 의학서적인 『동의보감』의 필자이며, 임진왜란 때 어의御醫, 임금의 주치의로서 선조가 의주로 피난갈 때 모신 공으로 공신이 되었다. 허준이 저술한 불멸의 의학서적『동의보감』은 16년의 연구 끝에 1610년광해군 2 결실을 맺었고, 우리나라는 물론 일본, 청나라 등지에서도 보급되었다.

그동안 허준의 출생지와 관련해 김포현재 서울 강서구, 파주 장단, 산청 등 여러 가지 출생설이 있었다. 서울 강서구 가양동에는 허준의 호 구암을 딴 구암공원과 허준박물관이 건립되어 있다. 그동안 허준의 묘소는 어디인지 모르고 없어진 것으로 알려졌다. 그러던 중 1991년 '양천허씨족보'에서 허준의 묘소를 찾아냈다. 족보에는 허준의 묘소가 '진동면 하포리 광암동 선좌 쌍분'이라고 기록되어 있었다. 족보에 기록된 '진동면 하포리' 지역은 민통선 이북 미확인 지뢰지대였다. 이

구암 허준의 표준영정.『표준영정도록』(문화체
육부, 1993)

일대를 조사하던 중 마침내 허준의 묘소가 발견되었다. 허준 묘소가
파주에서 발견됨에 따라 그동안 제기된 여러 허준 출생설 중에서 파
주 장단 출생설이 가장 설득력을 얻게 되었다. 파주 장단 출생의 근
거는 8·15 광복 전까지 파주 장단에 양천 허씨 집성촌이 있었고, 허
준의 묘소 외에 조상들과 후손들의 묘소가 장단 지역에서 발견되었
기 때문에 고향일 가능성이 높다.

서울시 강서구에 있는 허준박물관

12.
신분의 벽을 뛰어넘은 사랑, 최경창과 기생 홍랑

고죽 최경창은 1539년^{중종 34} 전라도 영암에서 출생했다. 1568년^{선조 1}에 과거에 합격하여 벼슬길에 올랐고 조선 시대 팔문장가이자 삼당시인으로 이름이 높다.

팔문장가^{八文章家}란 이이, 송익필, 최경창, 이산해 등 학문이 뛰어나고 문장이 탁월한 조선 시대 8명의 문장가를 말한다. 삼당시인^{三唐詩人}이란 '당나라 시풍의 세 시인'이란 뜻으로 그동안 주류를 이루었던 송나라 시풍이 관념적이고 이지적인 것에 비해 당나라 시풍은 낭만적인 경향이 있다.

최경창은 또한 함경도 태생으로 인품과 학식을 갖춘 기생 홍랑과의 이루지 못할 사랑으로 유명한데, 사대부와 기생의 신분을 뛰어넘고, 지역을 뛰어넘는 두 사람의 낭만적인 사랑은 당나라 시풍과 비슷하다 볼 수 있다. 기생 홍랑은 최경창을 사모해 이별의 슬픔을 달래

기생 홍랑의 무덤 앞에 있는 '홍랑가비'를 바라보는 필자.

는 시 한 수를 지어 최경창에 보냈는데, 교과서에도 실려 있는 그 유명한 '묏 버들' 시조이다.

묏 버들 가려 꺾어 보내노라 님의 손에
자시는 창밖에 심어두고 보소서
밤비에 새 잎 곳 나거든 날인가도 여기소서

최경창은 전국에서 두루 벼슬길에 오르다가, 1583년에 선조의 부름을 받고 한양으로 상경하던 중 함경북도 경성군의 객관에서 45세의 나이로 생을 마쳤다. 최경창이 죽었다는 소식을 들은 홍랑은 경성 객관으로 달려갔고, 장지가 있는 파주까지 영구를 모시고 최경창의 무덤가에서 3년간 시묘살이를 하다가 죽었다.

최경창 묘소는 교하동 다율리 해주 최씨 선산에 있고, 홍랑의 묘는 최경창 묘소 아래에 있는데, 홍랑 묘비 앞면에는 '시인홍랑지묘詩人洪娘之墓'라 쓰여 있다. 그리고 비의 뒷면에는 "고죽이 후일 종성 객관에서 돌아가시자 홍랑은 영구를 따라와 시묘했다. 이어 홍랑이 죽자 문중이 합의해 고죽 최경창 선생 묘 앞에 후장했으니 홍랑의 인품을 가히 알지니라."라고 적어 놓았다.

해주 최씨 선산은 원래 월롱면 영태리에 있었으나 1969년 캠프 에드워드 미군부대에 수용되면서 현재의 다율동으로 이장하였다 한다.

파주를 걷다

1.
왕릉순례

조선 시대 왕족의 무덤에는 능陵과 원園이 있다. '능'은 임금이나 왕비의 무덤을 말하며, '원'은 왕세자와 왕세자비, 임금의 친어머니 무덤을 말한다. 조선 왕릉은 총 44기가 있고, 원이 13기가 있다. 조선 왕릉 44기 중 4기를 제외하고는 모두 유네스코에 세계문화유산으로 등재되었다. 유네스코 세계문화유산에서 제외된 4기는 북한 지역에 있는 태조 왕비 신의왕후 제릉, 정종과 정안왕후 후릉 그리고 폐위된 연산군묘와 광해군묘를 말한다.

조선 시대의 왕릉과 원은 강원도 영월에 있는 단종의 장릉莊陵, 경기도 여주에 있는 세종의 영릉英陵과 효종의 영릉寧陵 3기를 제외하고는 당시의 도읍지인 한양에서 40km 이내에 있으며, 파주에는 장릉長陵, 공릉恭陵, 순릉順陵, 영릉永陵 등 4기의 능이 있다. 이 중 장릉만 순수 왕릉에 속하며 공릉과 순릉은 왕비의 능, 영릉은 추존追尊 살아생전에는

대	능명	능주	소재지
1	건원릉(健元陵)	태조	경기 구리시
	제릉(齊陵)	태조 원비 신의왕후	황해북도 개풍군
	정릉(貞陵)	태조 계비 신덕왕후	서울 성북구
2	후릉(厚陵)	정종과 정안왕후	황해북도 개풍군
3	헌릉(獻陵)	태종과 원경왕후	서울 서초구
4	영릉(英陵)	세종과 소헌왕후	경기 여주시
5	현릉(顯陵)	문종과 현덕왕후	경기 구리시
6	장릉(莊陵)	단종	강원도 영월군
	사릉(思陵)	단종비 정순왕후	경기 남양주시
7	광릉(光陵)	세조와 정희왕후	경기 남양주시
추존	경릉(敬陵)	덕종과 소혜왕후	경기 고양시
8	창릉(昌陵)	예종과 계비 안순왕후	경기 고양시
	공릉(恭陵)	예종 원비 장순왕후	경기 파주시 조리읍
9	선릉(宣陵)	성종과 계비 정현왕후	서울 강남구
	순릉(順陵)	성종 원비 공혜왕후	경기 파주시 조리읍
10	연산군묘	연산군과 거창군부인	서울 도봉구
11	정릉(靖陵)	중종	서울 강남구
	온릉(溫陵)	중종 원비 단경왕후	경기 양주시
	희릉(禧陵)	중종 1 계비 장경왕후	경기 고양시
	태릉(泰陵)	중종 2 계비 문정왕후	서울 노원구
12	효릉(孝陵)	인종과 인성왕후	경기 고양시
13	강릉(康陵)	명종과 인순왕후	서울 노원구
14	목릉(穆陵)	선조와 원비 의인왕후, 계비 인목왕후	경기 구리시
15	광해군묘	광해군과 문성군부인	경기 남양주
추존	장릉(章陵)	추존 원종과 인헌왕후	경기 김포시
16	장릉(長陵)	인조와 원비 인렬왕후	경기 파주시 탄현면
	휘릉(徽陵)	인조계비 장렬왕후	경기 구리시
17	영릉(寧陵)	효종과 인선왕후	경기 여주시
18	숭릉(崇陵)	현종과 명성왕후	경기 구리시
19	명릉(明陵)	숙종과 1계비 인현왕후, 2계비 인원왕후	
	익릉(翼陵)	숙종 원비 인경왕후	경기 고양시
20	의릉(懿陵)	경종과 계비 선의왕후	서울 서초구
	혜릉(惠陵)	경종 원비 단의왕후	경기 구리시
21	원릉(元陵)	영조와 계비 정순왕후	경기 구리시
	홍릉(弘陵)	영조 원비 정성왕후	경기 고양시
추존	영릉(永陵)	추존 진종과 효순왕후	경기 파주시 조리읍
추존	융릉(隆陵)	추존 장조와 헌경왕후	경기 화성시
22	건릉(健陵)	정조와 효의왕후	경기 화성시
23	인릉(仁陵)	순조와 순원왕후	서울 서초구
추존	수릉(綏陵)	추존 문조와 신정왕후	경기 구리시
24	경릉(景陵)	헌종과 원비 효현왕후와계비 효정왕후	경기 구리시
25	예릉(睿陵)	철종과 철인왕후	경기 고양시
26	홍릉(洪陵)	고종과 명성왕후	경기 남양주
27	유릉(裕陵)	순종과 순명왕후와 계비 순정왕후	경기 남양주

된 왕과 왕비의 능이다.

조선 시대에는 모두 13기의 원이 있는데, 그중 파주에는 소령원, 수길원 등 2기의 원이 있다.

1) 장릉

장릉은 파주시 탄현면 갈현리에 있는 조선 제16대 임금인 인조와 왕비 인열왕후의 합장 능이다. 인조는 제14대 임금 선조의 다섯째 아들로 태어나 임금이 될 수 없었으나, 28세 때인 1623년 서인세력과 함께 제15대 임금인 광해군을 몰아내고 반정反正. 임금을 폐하고 새 임금을 세우는 일. 쿠데타을 성공시켜 왕위에 올랐다.

인조는 재위 기간 동안 모두 세 차례 한양을 떠나 몽진蒙어두울 몽. 塵 티끌 진 : 머리에 티끌을 뒤집어쓴다는 뜻으로 임금이 피난을 간다는 것을 의미을 했다. 첫 번째로 피난을 간 것은 인조가 즉위한 다음해인 1624년 이괄의 난이 일어나자, 한양을 버리고 공주로 피신했다가 돌아왔다.

두 번째로 피난을 간 것은 1627년인조 5 후금이 광해군의 원수를 갚 겠다며 3만 대군을 이끌고 쳐들어 온 정묘호란 때인데, 인조는 한양 을 버리고 강화도로 피난을 갔다 돌아왔다.

세 번째로 몽진을 한 것은 1636년인조 14 후금이 나라이름을 청이라 고치고 10만 대군을 이끌고 쳐들어 온 병자호란 때인데, 인조는 남한 산성으로 피난 갔다가 서울 송파구 석촌호수 앞에 있는 삼전도에 나 가서 무릎 꿇고 청나라 태종에게 '세 번 절하고 아홉 번 머리를 조아 리며 항복'하는 삼전도의 굴욕을 겪었다.

인조는 반정으로 집권하여 27년간 왕위에 있으면서 내부반란과 양대 호란 속에 3번의 피난길, 삼전도의 굴욕을 비롯해 아들 소현세자와 봉림세자를 청나라에 인질로 보내는 치욕을 겪으며 한 많은 세월을 살다 간 비운의 임금으로 평가되고 있다.

원래 장릉은 지금의 파주시 문산읍 운천리에 있었다. 인조의 왕비인 인열왕후가 1635년 생을 마치자 운천리에 능을 세웠다. 그로부터 14년 후 1649년 인조가 55세로 승하昇遐하자 운천리에 장릉을 세웠다. 그러나 그 후 운천리 장릉 석물 틈에서 뱀과 전갈이 많이 나와, 1731년영조 7에 지금의 위치인 탄현면 갈현리로 옮겨 왔다. 갈현리 장릉 자리에는 본래 교하향교가 있었는데, 이때 교하향교는 금촌으로 이전하게 되었다.

장릉은 40대 이상 된 파주 시민들이 초등학교 다니던 시절에는 걸어서 소풍체험학습을 가던 아련한 추억이 깃든 장소이다. 그러나 문화재청에서 장릉 훼손 방지를 위해 한동안 비공개로 관리하다가 2016년 6월부터 다시 일반에 공개되었다.

2) 파주삼릉坡州三陵

파주삼릉은 파주시 조리읍 봉일천리 통일로 주변에 자리 잡고 있는 세 개의 능인 공릉恭陵, 순릉順陵, 영릉永陵을 합쳐 부르는 이름이다.

삼릉 중앙의 도로는 장곡리 마을로 넘어가는 길로 예로부터 장곡리와 봉일천 공릉장을 오가던 마을 찻길로 사용되었던 길이나 지금은 찻길이 폐쇄되었다.

인조반정과 파주

제15대 임금인 광해군은 임진왜란으로 황폐화된 나라를 회복하기 위해 노력했으며, 명 · 청 교체기에 중립외교를 펼쳐 조선의 안보를 유지하려 했다. 또 왕권을 강화하기 위해 왕위를 위협하던 이복동생 영창대군 세력을 제거하고, 영창대군의 어머니이자 광해군에게는 게모가 되는 인목대비를 폐위하였다.폐모살제 : 어머니를 폐위하고 동생을 살해.

이에 명나라를 받들며, 청나라를 오랑캐로 여기는 친명배금명나라와 친하고, 금나라는 배척의 서인세력은 광해군이 청나라와 중립외교를 펼치자, 명나라에 대한 의리를 저버리는 일이라 비판하는 한편 인목대비를 박해하는 것은 성리학적 윤리관에 위배되는 것이라고 반발하였다.

이귀, 김유 등 서인세력은 파주 장단부사 이서가 덕진산성을 관리하자 그곳에 군졸을 모아 훈련시키며 반정을 준비하다가, 1623년 3월 파주 장단부사 이서 등이 군졸을 이끌고 궁궐로 진입해 광해군을 몰아내고 인조를 제16대 새 임금으로 세웠다.인조반정.

한편, 월롱면 영태리에는 파주 장단부사였던 이서가 인조반정 당시 이곳에서 우물을 마시고 덕진산성을 거쳐 한양으로 처들어갔다 해서 전해져 오는 공신말, 공수물이라는 마을이 있다.

인조는 파주 장단부사 이서의 도움으로 반정에 성공하여 왕위에 오르게 되고, 생을 마치고는 다시 파주로 돌아와 장릉에 묻히게 되는 등 파주와는 묘한 인연이 있다.

인조가 묻힌 파주 장릉. 파주시 갈현리에 있다.

가) 공릉恭陵

공릉은 조선 제8대 임금 예종의 원비 장순왕후 한씨의 능이다. 장순왕후 한씨는 영의정 한명회의 딸로 1460년세조 6 16세의 나이로 세자와 결혼하여 아들을 낳고, 17세의 어린 나이로 왕비가 되기 전에 승하昇遐하였으며 제9대 임금 성종 때 왕후로 추존追尊 살아생전에는 왕비가 되지 못했으나, 사후에 왕비의 존엄을 받는 것 되었다.

조리읍 봉일천을 지나 교하 송촌리 학당포에서 한강으로 흘러드는 국가 하천인 공릉천은 '공릉'에서 그 이름이 유래되었다. 공릉천은 일제 강점기 때 곡릉천으로 왜곡돼 불리다가, 최근 제 이름을 되찾았다.

나) 순릉

순릉은 조선 제9대 임금 성종의 왕비 공혜왕후 한씨의 능이다. 순

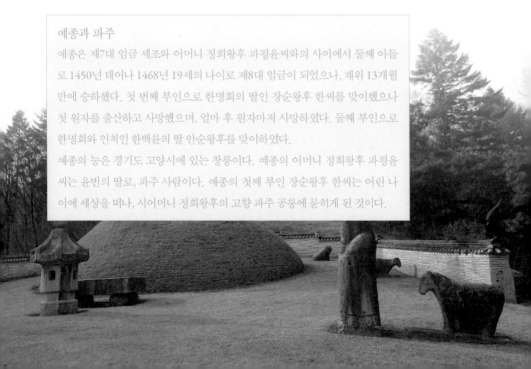

예종과 파주

예종은 제7대 임금 세조와 어머니 정희왕후 파평윤씨와의 사이에서 둘째 아들로 1450년 태어나 1468년 19세의 나이로 제8대 임금이 되었으나, 재위 13개월 만에 승하했다. 첫 번째 부인으로 한명회의 딸인 장순왕후 한씨를 맞이했으나 첫 원자를 출산하고 사망했으며, 얼마 후 원자마저 사망하였다. 둘째 부인으로 한명회와 인척인 한백륜의 딸 안순왕후를 맞이하였다.

예종의 능은 경기도 고양시에 있는 창릉이다. 예종의 어머니 정희왕후 파평윤씨는 윤번의 딸로, 파주 사람이다. 예종의 첫째 부인 장순왕후 한씨는 어린 나이에 세상을 떠나, 시어머니 정희왕후의 고향 파주 공릉에 묻히게 된 것이다.

성종

성종은 제7대 임금 세조의 장남인 의경세자의 둘째로 태어났다. 아버지 의경세자가 일찍 죽자, 제8대 임금은 세조의 둘째 아들 예종이 되었다. 예종이 21세의 나이로 일찍 죽은 후, 예종의 아들이 왕위를 잇지 못하고 조카인 성종이 예종의 양자가 되어 13세에 왕위를 이어받았다. 어린 나이에 왕위에 올라 할머니 정희왕후 파평윤씨가 수렴청정垂簾聽政, 어린 왕이 즉위했을 때 어머니나 할머니가 국사를 돌보는 행위 하였다. 성종은 25년간 재위했지만 어린 나이에 왕위에 올라 그가 승하했을 때 나이는 38세에 불과했다. 성종의 능은 서울 강남구 선릉이다.

성종은 첫째 부인을 한명회의 딸 공혜왕후를 맞았으나, 공혜왕후가 일찍 죽자, 둘째 부인 제헌황후 윤씨를 맞아, 연산군을 낳았다. 그 후 연산군의 어머니 제헌왕후 윤씨는 성종의 얼굴을 할퀴었다는 이유로 폐비되고, 다시 폐비 윤씨는 사약형에 처해 죽었다. 이 일은 뒷날 연산군 때 폐비에 앞장선 세력을 제거하는 갑자사화의 불씨 가 된다.

한명회와 파주

한명회는 수양대군의 참모가 되어, 계유정난을 일으켜 제6대 임금 단종을 축출하고 수양대군을 제7대 임금 세조로 만든 공신이다. 한명회는 세조 즉위 이후 최고의 권세를 누리고 있었다. 그러한 권세의 힘으로 두 딸을 예종의 부인과 성종의 부인으로 각각 결혼시킬 수 있었다. 그러나 한명회는 두 딸을 왕비로 만들고, 나는 새도 떨어뜨리는 세도를 가졌더라도 어린 두 딸을 잃는 아픔과 부관참시되는 극형을 겪어야 했다. 예종의 왕비 장순왕후가 17세의 나이로, 성종의 왕비 공혜왕후가 18세의 나이로 각각 세상을 떠나고 만 것이다. 그리고 한명회는 연산군이 즉위한 후 갑자사화가 일어나 연산군의 어머니 폐비 윤씨를 죽인 사건에 연루되었다 하여 부관참시剖棺斬屍 무덤을 파고 관을 꺼내 시체를 훼손되었다.

한편, 삼릉 옆 파주시 조리읍 봉일천에는 팔학골이라는 마을이 있는데 한명회가 공릉, 순릉에 묻힌 두 딸을 가엾게 여겨 이곳에 암자를 짓고 파라승에게 영혼을 달래는 축원을 하였다 하여 파라골이라고 불리다 팔학골도 되었다는 전설이 내려온다.

릉 공혜왕후 역시 한명회의 딸인데 공릉 장순왕후의 동생으로 두 사람은 서로 자매간이자, 성종이 예종의 양자로 입적했기 때문에 시어머니장순왕후와 며느리공혜왕후인 고부姑婦사이 이기도 하다. 1467년세조 [13] 11세의 나이로 세자빈이 되었고 성종 즉위와 더불어 왕비가 되었으나 자식 없이 18세로 짧은 생을 마감하였다. 파주 삼릉 내에 있는 3기의 능 중에서 유일하게 왕릉의 형식으로 조성한 능인데, 공혜왕후는 왕비의 신분에서 세상을 떠났기 때문이다.

다) 영릉

영릉은 조선 제21대 임금 영조의 맏아들인 효장세자와 그의 부인의 묻혔던 무덤이 추후 진종으로 추존되어진 능이다. 효장세자는 1724년 영조 즉위와 더불어 왕세자로 책봉되었으나 10세의 나이로 세상을 떴다. 효장세자를 낳은 어머니는 광탄면 영장리 수길원에 묻힌 영조의 후궁 정빈 이씨다.

영조는 첫째 아들 효장세자가 죽자 둘째 아들인 사도세자를 세웠다가 다시 사도세자를 폐위하고 사도세자의 아들인 정조를 효장세자의 아들로 입적시켰다. 정조 즉위 후 호적상 정조의 아버지가 되는 효장세자는 진종으로 추존되어, 영릉이라 하였다. 함께 묻힌 효장세자의 부인은 13세에 세자빈에 책봉되었으나 다음 해에 효장세자가 10세의 나이로 생을 마치자, 홀로 되어 37세까지 살다 세상을 떠나 효장세자와 함께 왕후로 추존되었다.

비운의 사도세자

영조의 둘째 아들이자 효장세자진종의 동생인 사도세자는 효장이 10세의 나이로 죽자 세자에 올랐다. 사도세자는 한중록을 쓴 혜경궁 홍씨와 결혼하여 정조를 낳았다. 영조는 사도세자가 14세 되자 대리청정왕이 병들거나 나이가 들어, 국사를 보기 힘들 때 세자에게 왕을 대리하여 정치를 하게하는 행위 하였다. 그러나 대리청정을 하면서 사도세자와 아버지 영조는 정치적으로 갈등을 빗고, 사도세자의 기행으로 마찰을 빚어 급기야 영조는 아들 사도세자를 폐위하고 뒤주에 가둬 죽이고 만다.

역사에 가정법은 없어 부질없는 질문이지만, 만약 사도세자가 아버지 영조와 갈등을 빚어 뒤주에 갇혀 죽지 않았거나, 정조가 큰아버지인 효장세자의 양자로 입적되지 않았다면, 효장세자는 임금으로 추존될 수 있었을까? 어쨌든 영조의 맏아들인 효장세자는 10세라는 어린 나이로 생을 마감한 뒤, 아버지 영조와 동생 사도세자가 겪은 비극적 사건으로 인해 훗날 임금으로 추존될 수 있었다.

빈嬪

궁에서 허드렛일을 하는 나인이 왕의 총애를 받아 자식을 낳으면, 벼락 승진하게 되어 숙의淑儀,종2품에서 귀인貴人,1품까지 오를 수도 있고, 아들이 세자에 책봉되면 빈嬪, 정1품까지 올라간다.

숙종의 후궁인 장희빈도 아들 경종을 낳아 빈이 되었고, 숙종의 또다른 후궁인 숙빈 최씨도 아들 영조를 낳아 빈이 되었다.

사도세자의 릉인 융릉隆陵. 경기도 화성시에 있다.

3) 소령원

소령원은 조선 제19대 임금 숙종의 후궁이며 제21대 임금 영조의 친어머니인 숙빈 최씨의 무덤原(園)이다. 숙빈 최씨는 7세에 궁에 들어간 무수리였으나, 숙종의 후궁 숙빈이 되어 24세에 영조를 낳았다. 숙빈 최씨는 장희빈이 폐위되고 사약을 받는데 결정적 역할을 하였다. 숙빈 최씨는 49세로 생을 마감해 지금의 파주시 광탄면 영장리에 소령원에 묻혔고, 서울 궁정동 청와대 옆 칠궁 안 사당에 모셔져 있다. 소령원은 문화재청이 문화재 보호를 위해 일반인에게 비공개로 한다.

영조는 어머니 숙빈 최씨를 위해 인근의 보광사를 소령원의 '복을 기원하는 절', 기복사祈福寺로 삼았는데, 지금도 보광사 대웅보전 뒤에는 어실각御室閣, 임금을 위한 집과 건물이 있어 숙빈 최씨의 복을 기원하고 있다.

향토 사학자들의 연구에 의하면, 영조는 세자 시절 정치적 소용돌이에 생명의 위협을 느껴, 어머니 숙빈 최씨의 시묘살이를 이유로 소령원에 피해 있었다고 한다. 영조가 시묘살이를 하는 중에도 자객으로부터 몇 차례 습격을 받았으나, 마을에서 개들이 일제히 짖어 위험을 알렸고, 장사가 숨어 지내다 자객들을 물리쳐, 영조는 이 마을 사람들을 매우 고맙게 생각했다고 한다. 영조는 임금의 자리에 즉위하고 나서 소령원에 행차할 때 고양시에서 광탄면으로 넘어오는 됫박고개를 넘어왔는데, "고개가 높으니 더 파서 낮추라."고 하였다 하여 더파기고개라고 불린다고 한다.

인현왕후, 장희빈, 숙빈 최씨

숙종의 둘째 부인 인현왕후 민씨는 자식이 없었다. 숙종은 궁녀 장옥정장희빈을 후궁
으로 삼고 장희빈이 아들 세자경종를 낳은 후, 인현왕후를 폐위시키고 궁 밖으로 내
쫓고 장희빈을 왕비로 삼는다.
이후 숙종은 수 년 전 방영된 드라마 〈동이〉의 주인공 숙빈 최씨를 후궁으로 삼고
아들영조을 낳았다. 이런 상황에서 역모사건이 일어나 장희빈과 집권 남인세력이 축
출되었고, 폐비 민씨는 인현왕후로 복귀하였다. 그 후 인현왕후가 죽자 숙종은 숙빈
최씨로부터 장희빈이 신당을 차려놓고 인현왕후를 저주해 죽음에 이르렀다는 이야
기를 듣고 장희빈에게 사약을 내린다.

어머니와 부인, 아들과 딸을 파주에 묻은 영조

영조는 파주와 각별한 인연을 가지고 있다.
영조의 맏아들인 효장세자는 10세에 눈을 감아 훗날 진종으로 추존되어 파주시 조
리읍 삼릉에 자리 잡은 영릉에 누워 있다.
영조의 후궁이자 효장세자를 낳은 어머니 정빈 이씨는 파주시 광탄면 영장리 수길
원에 묻혀 있다.
영조의 친어머니 숙빈 최씨는 파주시 광탄면 영장리 소령원에 묻혀있다. 영조는 세
자시절 정치적 소용돌이에 생명의 위협을 느껴, 어머니 숙빈 최씨의 시묘살이를 이
유로 소령원에 피해 있었다
영조의 셋째 딸 화평옹주와 사위 박명원의 묘는 파주시 파주읍 군부대 내에 있고, 아
홉째 딸인 화완옹주와 사위 정치달은 문산읍 사목리 황희 정승 유적지 진입로변에
묻혀 있다.

영조 어진. 국립고궁박물관 소장.

4) 수길원

수길원은 조선 제21대 임금 영조의 후궁이자 삼릉에 있는 효장세자^{진종}의 어머니 정빈 이씨의 무덤이다. 정빈 이씨는 1694년에 태어나 1701년 8세에 영조의 후궁이 되었고 1719년 26세에 영조의 장자인 효장세자^{진종}을 낳고, 1721년^{경종 1} 28세로 눈을 감아 지금의 광탄면 영장리에 있는 수길원에 묻혔다. 정빈 이씨는 영조의 친어머니인 소령원의 숙빈 최씨와는 시어머니와 며느리 사이^{姑婦고부}가 된다. 문화재청은 문화재 보존을 위해 수길원을 일반인에게 비공개하고 있다.

2.
용미리석불입상

용미리석불입상龍尾里石佛立像은 파주시 광탄면 '용미리에 있는 돌로 만든 서있는 불상'이란 뜻으로 국가 보물 제93호로 지정되어 있다. 용미리석불입상은 박중손 장명등탄현면 오금리과 더불어 파주시에 있는 국가 보물 두 가지 중 하나이다『삼현수간』은 파주시 성현들의 편지글을 모은 보물이지만, 서울 삼성미술관 리움에 소장되어 있다.

문화재청에서 정한 용미리석불입상의 정식 명칭은 '파주 용미리 마애이불입상'이다. 마애이불입상? 한자를 보지 않고 그 뜻을 쉽게 이해하기 어렵다. 마애이불입상磨崖二佛立像, 갈 마, 벼랑 애, 두 이, 부처 불, 설립, 모양 상의 뜻을 풀어 보면, 마애磨崖는 벼랑에 새긴다는 뜻이고, 이불二佛은 두 개의 불상이란 뜻이요, 입상立像은 서 있는 모양이란 뜻으로, '벼랑에 새긴 서있는 모양의 두 개의 불상'정도로 해석이 되겠다.

문화재청에서 문화재 명칭을 지정할 때 적용하는 일정한 절차와

파주 용미리석불입상을 살펴보는 필자.

기준이 무엇인지 잘 모르겠지만, 굳이 이렇게 어려운 한자어를 남발
해야만 하는지 의구심이 든다. 어린 아이들과 일반인들은 선뜻 그 뜻
을 이해하기 어렵고, 난해하고 고루한 문화재라는 느낌을 지울 수 없
다. 결국 문화재에 대한 설명이 어렵고 불친절할수록 국민들의 관심
은 멀어지게 될 것이다. 이해하기 쉽고, 어렵지 않고, 기억하기 쉽고
친근한 이름을 붙여야만 소중한 우리 문화재에 대한 자부심과 애정
이 깊어질 것이란 생각이다.

　　고려 시대^{또는 조선 시대, 제작 연대에 관한 이야기는 뒤에 설명} 이 석불을 조각
한 이름 모를 위대한 석공들은 후손들에 의해 국가 보물로 지정된 이
위대한 작품이 마애이불입상으로 불리는 뜻을 이해할 수 있을 것인
가? 그리고 그렇게 이름 붙여진 것을 고마워할 것인가?

　　필자는 문화재 전문가가 아니기 때문에 '용미리에 있는 벼랑에 새

용미리석불입상. 경기도 파주시 광탄면 혜음로 742-28에 있다. 보물 제93호.

긴 서 있는 모양의 두 개의 불상'의 특징과 의미에 대해 설명할 수 있
는 인문 지식이 없다. 그래서 문화재청에서 설명하는 내용을 아래와
같이 인용하기로 한다.

거대한 천연 암벽에 2구의 불상을 웅장하게 새겼는데, 머리 위에는 돌
갓을 얹어 토속적인 분위기를 느끼게 한다. 자연석을 그대로 이용한
까닭에 신체 비율이 맞지 않아 굉장히 거대한 느낌이 든다. 이런 점에
서 불성佛性보다는 세속적인 특징이 잘 나타나는 지방화된 불상이다.
왼쪽의 둥근 갓을 쓴 원립불圓笠佛은 목이 원통형이고 두 손은 가슴 앞
에서 연꽃을 쥐고 있다. 오른쪽의 4각형 갓을 쓴 방립불方笠佛은 합장
한 손모양이 다를 뿐 신체조각은 왼쪽 불상과 같다.

둥근 갓을 쓴 불상을 원립불圓둥글 원, 쏫삿갓 립, 佛부처 불이라 부르고, 네모 모양 갓을 쓴 불상을 방립불方네모 방, 쏫삿갓 립, 佛부처 불이라 한다. 원립불과 방립불이라는 생소한 용어를 빼고 나면 대체로 이해할 수 있는 문장이다. 그런데 '불성佛性보다는 세속적인 특징이 잘 나타나는 지방화된 불상이다'라는 애매모호한 설명에서 한참 갸우뚱하게 된다. 불성佛性이란 '부처를 이룰 수 있는 근본 성품'이란 뜻이라고 한국학중앙연구원에서 발간한 『한국민족문화대백과사전』에서 설명하고 있다. 위 문장을 쉽게 해석하자면 불교적 미의 완성도보다는 파주 지방 백성의 소박한 정서를 표현하고 있다는 것이다.

그리고 문화재청은 이 불상에 얽힌 전해져 내려오는 이야기를 아래와 같이 설명한다.

지방민의 구전에 의하면, 둥근 갓의 불상은 남상男像, 모난 갓의 불상은 여상女像이라 한다. 고려 선종이 자식이 없어 원신궁주元信宮主까지 맞이했지만, 여전히 왕자가 없었다. 이것을 못내 걱정하던 궁주가 어느 날 꿈을 꾸었는데, 두 도승道僧이 나타나 "우리는 장지산長芝山 남쪽 기슭에 있는 바위틈에 사는 사람들이다. 매우 시장하니 먹을 것을 달라."고 하고는 사라져 버렸다. 꿈을 깬 궁주가 하도 이상하여 왕께 아뢰었더니 왕은 곧 사람을 장지산에 보내어 알아 오게 하였는데, 장지산 아래에 큰 바위 둘이 나란히 서 있다고 보고하였다. 왕은 즉시 이 바위에다 두 도승을 새기게 하여 절을 짓고 불공을 드렸는데, 그 해에 왕자인 한산후漢山候가 탄생했다는 것이다.

문화재청은 이 불상의 문화재적 가치와 의미에 대해 다음과 같이 설명한다.

> 이 불상들은 고려 시대의 조각으로 우수한 편은 아니지만, 탄생설화
> 가 있는 점 등을 미루어 볼 때 고려 시대 지방화된 불상 양식을 연구하
> 는 귀중한 예로 높이 평가된다.

　그런데 마애이불입상의 조성 연대가 문화재청에서 밝힌 고려 시대 불상이 아닌 조선 시대에 제작된 것이라는 새로운 주장이 제기되고 있다. 파주시 출신 사학자 이윤희 선생의 『파주이야기』에 보면 마애 이불입상은 세조 11년1466년에 제작된 것이며, 세조와 세조의 비 정희왕후의 모습을 미륵불로 형상화한 것이라는 학설을 소개하면서 그러한 주장의 근거를 다음과 같이 설명한다.

> 석불입상 아래 부분에서 발견된 비문에 조선 세조와 정희왕후의 극락
> 왕생을 기원하는 내용이 담겨져 있는 것이 조사되었고, 석불입상 오
> 른쪽 면에 새겨진 비문에 세조 때의 구체적 연대가 확인되었기 때문
> 이다.

　석불입상 아래에서 발견된 비문에는 '세조대왕 왕생정토'라는 문구가 나오는데 '왕생정토往生淨土'란 불교에서 '사람이 죽은 후 정토라는 이상향에 다시 태어나는 것'을 말하는 것으로, 세조대왕이 죽은 후 정토에서 다시 태어나길 기원하는 내용이다. 따라서 이 비문은 세조가 승하1468년한 직후에 새긴 것으로 보이며, 불상의 제작 연대도 조선 시대로 보는 것이다.

또한 만약 이 석불이 고려 시대 불상이 아닌 조선 세조 때 조성된 임금과 왕비의 모습을 형상화한 것이라면 "국왕을 미륵불로 형상화 하고 그 옆에 왕비를 조각한 점과 불상에 직접 왕명을 새겨 놓은 우리나라 최초의 예가 된다."고 평가한다. 또한 억불숭유불교를 억제하고 유교를 숭상의 시대로 알려진 조선 초기 불교에 대한 이해와 역대 조선 임금 중 가장 불교에 심취했던 것으로 알려진 세조의 불교정책에 대한 증거 자료가 될 수 있다.

그러나 아직까지 기존의 학설이 수정되지 않고 있는 것은 학계의 고집이기도 하지만, 불상의 제작 연대는 고려이지만 비문의 문구는 조선 시대 때 추가 기록했을 가능성이 있어 아직까지 공식적인 주장 으로는 받아들여지지 않고 있다고 한다.

세조와 불교

조선 시대는 억불숭유의 성리학 사회지만 세조는 수양대군 시절부터 불교를 믿고 있었다. 조카 단종을 죽이고 권력을 빼앗은 세조는 늘 꿈속에 단종의 어머니가 나타나 죄책감과 두려움을 떨치려고 더욱 불교에 심취하였다고 한다.

스스로 성리학적 정당성이 없이 왕위에 오른 세조는 왕권의 정통성 부담을 피하고, 속죄하는 마음으로 원각사지십층석탑을 건립하고, 간경도감경을 번역하고 간행하던 기관을 설치하여 불교 경전월인석보을 한글로 번역하여 간행하는 등 불교를 중시하는 정책을 펴게 된다.

원각사지십층석탑. 서울시 종로구 탑골공원에 있다. 국보 제2호. 오른쪽 사진은 유리 보호막을 씌우기 전의 모습.

3.
마애사면석불

마애사면석불은 민통선 내인 진동면 동파리 일월봉 정상에 위치해 있다. 지금은 민통선 내로 민간인들의 출입이 쉽지 않지만, 이 불상이 조성된 고려 시대에는 일반 백성들의 발길이 끊이지 않았을 것이다. 이 석불은 천연의 화강암에 동서남북 네 방향의 면을 다듬어 각 면에 한 구씩의 불상을 새겨 넣은 사방석불四方石佛로 경기도 유형문화재 156호로 지정되어 있다.

마애사면석불磨갈 마, 崖벼랑 애, 四넉 사, 面낯 면, 石佛은 '벼랑 4면에 새긴 석불'이란 뜻이다. 마애사면석불의 특징과 의미에 대해 2009년 발간된 『파주시지披州市誌』에서 설명하는 내용은 아래와 같다.

이 사방석불은 얼굴과 손모양이 많이 마모되었지만 각 상像의 세부는 분명한 편이다. 불상의 크기는 동면상이 111cm, 서면상이 90cm, 남면상이 99cm, 북면상은 가장 큰 126cm이다. 각 상들은 모두 두광頭光과 원형신광圓形身光을 갖추고 연꽃모양 위에 책상다리를 하고 앉아 있다. 손 모양은 전통적인 사방불과 달리 밀교密教의 금강계金剛界 사방불의 손 모양을 하였는데, 동면은 촉지인觸地印을 한 아촉여래阿閦如來이고 서면은 선정인禪定印의 아미타여래阿彌陀如來, 남면은 오른손을 내려 손가락을 편 보생여래寶生如來, 북면은 두손을 안쪽으로 모은 듯해서 불공성취여래不空成就如來로 추정된다. 주변에는 절을 하던 배례석拜禮石과 계단이 남아 있어 이곳이 당시의 신앙처였음을 말해 준다.

불경을 깊이 있게 공부하지 않은 일반인이 전혀 이해할 수 없는 생소하고 난해한 '불교용어 대잔치'이다. 지금부터 『파주시지坡州市誌』에 나와 있는 마애사면석불에 대한 암호문(?)을 해독해 보자.

여기서 두광頭머리 두, 光빛 광은 부처의 머리에서 발하는 빛을 말하고, 원형신광圓근원 원, 形모양 형, 身몸 신, 光빛 광은 몸체에서 발하는 빛을 말한다. 책상다리를 하고 앉았다는 말은 어려운 말로 반가상半절반 반, 跏책상다리할 가, 像모양 상이라 하는데, 여기서는 문화재청이 반가상이라 하지 않고 쉽게 책상다리라고 풀어써서 반갑기까지 하다. 불교의 책상다리 앉기에는 두 종류가 있는데 반가상 또는 반가부좌半跏趺坐는 오른발을 왼편 허벅다리에 얹고 왼발을 오른편 무릎 밑에 넣고 앉는 자세를 말하고, 반대의 경우는 결가부좌結跏趺坐라 한다. 밀교密教는 대일여래大日如來의 비밀스런 가르침이라는 불교 용어이다.

금강계金剛界는 금강정경金剛頂經, 불교경전 중 하나에 의거하여 대일여래의 지혜를 드러낸 부문으로, 그 지혜가 견고하여 모든 번뇌를 깨뜨린

마애삼면석불. 경기도 파주시 진동면 동파리에 있다. 경기도 시도유형문화재 제156호.

다는 뜻이다. 대일여래大日如來는 우주의 참모습과 진리와 활동을 의인화한 밀교密敎의 부처를 말한다. 촉지인觸地印은 왼손은 주먹을 쥐어 배꼽 부분에 대고 오른손은 손가락을 펴고 손바닥을 안으로 하여 땅으로 드리우는 손가락 모양을 말한다. 아촉여래阿閦如來는 불교에서 분노를 가라앉히고 마음의 동요를 진정시키는 역할을 하는 부처를 말한다. 선정인禪定印은 부처가 수행할 때 선정참선에 들었음을 상징하는 손 모양을 말한다. 아미타여래阿彌陀如來는 부처 가운데 서방 극락정토의 주인이 되는 부처를 말한다. 불공성취여래不空成就如來는 대일여래大日如來 곁에 있는 부처로, 중생을 구제하기 위해 해야 할 것을 모두 성취하는 성소작지成所作智, 도를 닦아서 얻는 지혜를 말한다. 보생여래는 대일여래大日如來 곁에 있는 부처로, 자타自他의 평등을 깨달아 대자비심을 일으키는 평등성지平等性智, 자타가 평등하다고 깨닫는 지혜를 나타낸다.

필자의 해독문을 보고도 어려운 불교용어에 대한 지식 없이는 그 뜻을 쉽게 이해하기 어렵긴 마찬가지이다.

끝으로 『파주시지坡州市誌』는 마애사면석불의 가치와 의미를 다음과 같이 설명한다.

> 이 마애사면석불은 우리나라 가장 북쪽에 위치한 사방불四方佛로 알려져 있으며, 통일신라 사방불의 모습과는 다소 달라 고려 말 라마계羅摩系 도상圖像이 유입되기 이전에 조성된 고려 전기 사방불이기 때문에 불교 조각사彫刻史및 사상사 연구의 귀중한 사례로 활용되고 있다.

여기서 '고려 말 라마계羅摩系 도상圖像'이라는 말은 티베트 불교인 라마계의 그림을 뜻한다. 티베트 라마계羅摩系 그림이 어떤 특징이 있는지 모르겠지만, 결론은 이 마애사면석불이 통일신라 시대 풍도 아니고 고려 말에 들어온 티베트 라마계 풍도 아니기 때문에 조성 연대가 '고려 전기'라는 것이다.

4.

혜음원지 惠蔭院址

파주시 광탄면 용미리에 있는 혜음원지는 고려 예종 17년1122에 설립한 국립 숙박시설인 '혜음원'이 있던 터이다. 고려 시대 국립 호텔급인 '혜음원'이라는 건축물은 남아 있지 않고, 땅 속에서 혜음원이 있던 흔적이 발굴되어 혜음원이라 하지 않고 '혜음원지 址 터 지'라고 한다.

파주시 광탄면 용미리와 고양시 고양동을 잇는 고개를 혜음령이라 하는데, 혜음령이라는 지명은 혜음원에서 유래되었다. 혜음원은 이곳에 있던 혜음사라는 사찰에서 별채로 운영하던 숙박시설이다.

『파주시지 坡州市誌』에 의하면 김부식의 '혜음사신창기'에 혜음사 창건배경이 다음과 같이 나온다고 설명하고 있다.

고려의 수도인 개성의 동남방 지방에서 수도로 들어오는 길목인 혜음령은 사람과 물산의 왕래가 빈번하여 언제나 붐비는 길이었으나 골짜기가 깊고 수목이 울창하여 호랑이와 도적들이 때때로 행인들을 해치기가 일쑤여서 1년에 수백 명씩 피해자가 속출했다. 이에 개경과 남경 서울 사이를 왕래하는 행인을 보호하고 편의를 제공하기 위하여 1120년예종 15에 왕이 이소천에게 명하여 묘향산의 해관惠觀스님 문도인 응세를 책임자로 하여 16명의 승려를 동원하여 1121년 2월에 착공하여 1년 만인 1122년 2월에 완공한 것이 바로 혜음사이다.

혜음사는 이 고개를 지나는 행인들을 호랑이와 도적들로부터 보호하기 위해 왕의 명령으로 승려들이 창건했다는 것이다.

계속해서 '혜음사신창기'에 나오는 혜음원의 설치 배경은 아래와 같이 설명하고 있다.

임금께서 남쪽으로 순수하신다면 행어 한 번이라도 이곳에 머무를 일이 없지 않으리니 이에 대한 준비가 있어야 된다고 하여 따로 별원別院한 개소를 지었는데 이곳도 아름답고 화려하여 볼 만하게 되었다.

혜음사를 창건하면서 혹시 모를 왕의 행차에 대비하여 별원別院을 지었다는 것이다.

혜음사는 왕실의 각별한 관심 하에 사찰과 역원驛院. 역 앞에 세운 숙박시설으로서의 두 가지 기능이 있었다는 것이다.

혜음사와 혜음원은 그동안 정확한 위치가 어디인지, 언제 폐사했는지 알 수 없었다. 혜음사는 조선 초의 사찰 철폐기에 폐사되었을 것으로 추정되며, 혜음원은 조선 시대 발간된 '신증동국여지승람'에 그대로 있다고 기록된 것으로 보아, 역원驛院의 기능은 조선 시대에도

파주 혜음원지. 파주시 광탄면 용미4리 134-1번지 일원 234-1이다. 사적 제464호.

계속된 것으로 추정된다.

　정확한 위치를 알 수 없었던 '혜음원지'는 1999년 우연히 주민의 제보로 발굴에 나서게 되었다. 이와 관련해 『파주시지坡州市誌』에서 밝히고 있는 발굴경위는 아래와 같다.

　　　1999년 동국대학교 학술 조사단에 의해 현재의 혜음원지에서 한문 으로 '惠陰院혜음원'이라 새겨진 암막새 기와가 수습됨으로써 처음으로 그 위치가 파악되었다. 2000년 한양대학교의 파주시 문화유적 지표 조사 작업 때 기초 조사가 진행되어 대략적 규모가 파악되었다. 이 같 은 조사로 혜음원지가 바로 고려 예종 때 창건된 혜음원임이 분명해 졌지만 정확한 규모나 구조 등은 파악되지 않았다. 이에 파주시는 단 국대학교 매장문화재연구소를 통해 2001년 8월 27일부터 12월 22일까지 1차 발굴조사를 실시하였고, 이듬해 2002년 3월 20일부터 6월 20일까지 2차 발굴조사를 실시하였다. 1 · 2차 발굴조사를 통해 혜음원의 건물 규모와 실체의 개략을 파악하는 성과를 거두었다. 이후 3 · 4차 발굴조사에 이어 2008년 5차 발굴조사까지 실시하게 되었다.

혜음원지에 대해 그동안 문화재청에서 확인한 바로는 전체 경역은 원지, 행궁지, 사지로 구성되었을 것으로 추정되며, 동서 약 104m, 남북 약 106m에 걸쳐 9개의 단으로 이루어진 경사지에 27개의 건물지를 비롯하여 연못지, 배수로 등의 유구와 금동여래상금과 구리로 합금한 부처상, 기와류, 자기류, 토기류 등의 많은 유물이 확인되었다.

고려 예종 때인 1122년 창건된 혜음원은 그동안 수 백년 동안 땅속에 감춰져 있다가, 1999년 한 주민의 기막힌 제보로 발굴에 나서 문화재로 당당히 빛을 보게 되었다. 혜음원지는 1 · 2차 발굴 조사 결과 경기도 기념물로 지정되었고 4차 발굴조사 후 국가 사적으로 상향 지정되었다.

혜음원지는 문헌과 유구, 유물을 통해 원의 구조와 형태, 운영 실태를 보여 줄 뿐만 아니라 왕실, 귀족, 평민 등 각 계층의 생활양식을 전해주는 유적으로서 고려 전기 건축 및 역사 연구에 귀중한 자료로 평가받고 있다.

5.
산성

우리나라 산성은 삼국 시대에 가장 많이 축성되었다 한다. 파주 지역 산성은 역시 대부분 삼국 시대에 임진강 연안을 끼고 축성되었다.

임진강 남쪽 연안^{남안}에는 탄현면 오두산성, 월롱면의 월롱산성, 파주읍의 봉서산성, 적성의 칠중성과 육계토성 등이 있다. 또 임진강 북안 장단 지역에는 덕진산성이 있다.

다른 지역의 삼국 시대 산성은 조선 시대에 이르기까지 계속적인 보강과 증축을 하면서 산성의 기능을 유지해 온 반면에 파주 지역 산성들은 조선 시대부터 사용하지 않아 흔적만 남긴 채 폐허가 되어 가고 있다.

전문가들의 연구에 의하면 파주 지역은 삼국 시대 치열한 격전장이었다. 최초로 파주를 차지한 백제는 파주에 통치 세력을 강화하고 외부 침략에 대비하기 위하여 적성 지역에 육계토성, 난은별성^{칠중성},

그리고 교하 일대에 관미성을 설치하였다. 그러나 고구려의 남하 정책으로 무력 충돌이 일어나고 이 무렵 관미성_{오두산성으로 추정됨}이 고구려의 수중에 넘어가게 되면서 서울 잠실벌의 위례성까지 함락되었다고 한다. 그리고 백제 때 설치된 것으로 추정되는 적성면에 있는 칠중성은 고구려의 침략으로 고구려 관할에 들어가는데 이 칠중성은 임진강을 접하고 있는 지역으로 중요한 전략적 근거지였다고 한다.

1) 오두산성

오두산성은 파주시 탄현면 성동리 자유로가 지나는 오두산 정상 부분과 산의 사면에 띠를 두르듯이 축성된 테뫼식 산성이다. 오두산은 임진강과 한강이 합류하는 곳에 있는 해발 118m의 비교적 낮은 산이지만 주변에 높은 산이 없어 임진강 쪽으로는 북한 지역이 손에 잡힐 듯하고 한강 쪽으로는 김포 지역이 눈앞에 들어온다.

현재 오두산성이 위치한 오두산 정상에는 통일전망대 시설이 들어서 있다. 오두산 통일전망대는 노태우 정부시절인 1991년 착공하여 1992년 자유로 1단계 구간 개통에 맞춰 개관하였다.

오두산 개발에 관한 노태우 대통령 검토 지시가 있었던 1990년 오두산성 발굴조사 조사가 시작된 점을 돌이켜 보면, 통일전망대 건립과 오두산성 복원을 조화롭게 할 수 있는 절호의 기회가 있었는데 졸속적으로 밀어붙여 귀중한 문화유산이 학대받게 된 것이다. 이에 따라 산성의 규모와 원형이 확인하기 힘들 정도로 훼손되어, 여기저기에 성벽을 이루었던 석재들이 흩어져 있고 삼국 시대부터 조선 시대까지의 토기, 기와편들이 산재해 있어 안타까움을 주고 있다.

최근 학계에서는 오두산성이 백제의 관미성關彌城일 것으로 추정하고 있으며, 사적 제351호로 지정되었다. 백제의 북방 전초기지였던 관미성은 고구려 광개토왕의 수군이 백제의 아신왕을 무릎 꿇게 하고 백제의 수도 위례성을 함락시키기까지 고구려의 남하정책 경로를 밝혀 주는 중요한 단서가 된다고 한다.

파주 지역 향토 사학자 정헌호 선생은 최근 한 언론에 기고한 '내고장 역사교실' 칼럼을 통해, 조선 후기의 지리학자인 김정호가 저술한 『대동지지』에서 "오두성은 임진강과 한강이 만나는 곳이며, 본래 백제의 관미성이다."라고 밝히고 있다며 오두산성이 백제의 관미성으로 추정하는 데 방점을 찍고 있다.

2) 월롱산성

월롱산성은 파주시 월롱면 덕은리와 탄현면 금승리 그리고 금촌 야동동에 걸쳐 있는 월롱산에 축성된 백제의 산성이다. 산 아래에는 고구려 장수왕475년때 실치된 파해평사현의 옛읍터가 있었다고 한다.

월롱산은 해발 246m의 낮은 산이지만, 주변에 높은 산이 없어 정상에 오르면 북동쪽으로는 파주 일대 평야와 임진강 연안이 한눈에 들어오며, 서쪽으로는 교하 일대의 임진강과 한강이 합류하여 서해로 흘러들어가는 것이 보인다. 또한 남쪽으로는 고양 일대와 북한산과 함께 멀리 관악산이 조망되는 천연 요새이다. 월롱산성은 임진강을 건너오는 세력과 한강을 통해 오는 세력을 동시에 통제할 수 있는 주요 전략적 요충지로서의 지리적인 이점이 매우 크다고 할 수 있다.

최근 경기도 박물관의 정밀 학술조사에서 월롱산성이 초기 백제의

산성의 종류

1. 테뫼식 산성 : 봉우리들을 둘러쌓아 성을 축조한 것으로 산 정상을 중심으로 하여 7~8부 능선을 거의 수평으로 하여 둘러싼 형태이며 산성 가운데 초기 소규모의 산성이 주류를 이룬다.

2. 포곡식 산성 : 말 그대로 성곽 안에 골짜기谷 골짜기 곡를 포함하여 축조한 것으로 성 내부는 수원水原, 마실 물이 풍부하며 활동 공간이 넓은 것이 특징이며, 테뫼식보다 규모가 크고 보다 후기의 것들이 포함된다.

3. 복합식 산성 : 테뫼식과 포곡식을 합쳐 놓은 형태의 산성으로 성곽 안에 산 정상과 골짜기를 포함하여 규모가 큰 산성

관미산성

백제의 근초고왕은 고구려의 평양을 공격하여 고국원왕을 죽였다. 그런데 고구려 광개토 대왕은 즉위한 다음 해에 수만 명의 병력을 동원하여 대대적으로 백제를 공격하였다. 391년 10월에는 관미성을 공격하였다. 관미성은 사면이 절벽이고 바다로 둘러싸인 천연의 요새로서 함락이 쉽지 않았다.

광개토대왕은 백제와 격전을 벌인 끝에 20일 만에 관미성을 함락하였다. 관미성의 함락은 백제의 북쪽 변경 지대가 무너진 것이기 때문에 백제는 큰 타격을 받았다고 한다.

백제는 그 후 복수를 위해 고구려와 더 싸웠지만, 연이어 패하고, 백제 아신왕은 고구려 광개토대왕 앞에 나아가 무릎을 꿇고 항복했다.

산성으로 임진강과 한강 하구 지역을 통제하던 백제의 주성 역할을 담당했던 성으로 밝혀졌다고 한다. 월롱산성은 산의 정상부와 9부 능선상에 축조된 테뫼식 산성으로 현재 성벽의 흔적은 거의 남아 있지 않다. 성벽은 북동쪽으로는 거의 20m이상 되는 자연 절벽을 이용한 천연요새를 갖추고 있으며 동남쪽은 산의 경사면을 이용하였다고 한다.

그러나 현재 월롱산성은 군사시설, 체육공원, 이동통신 기지국, 규사 채석 등으로 상당 부분 훼손되어 있는 상태이다. 일반인들은 채석으로 깎인 절벽이 성벽인 줄 알고 오해를 할 정도라고 한다. 체육공원이 들어서 있는 곳과 성내 중앙으로 개설되어 있는 도로와 헬기장 주변에 백제 토기편이 많이 발굴되고 있다고 한다.

월롱산성은 삼국 시대 파주를 중심으로 영토 분쟁을 벌였던 백제의 군사적 전략과 생활상을 알 수 있는 매우 중요한 유적으로 평가받아 경기도 기념물 제196호로 지정되었다.

월롱산 중턱에는 고려 현종이 피신했던 용상사라는 사찰이 있다. 1018년 서란군 10만 녕이 개성까지 진격해 오자 현종이 남쪽으로 피난을 떠나 월롱산에서 피신하게 되었다고 한다. 강감찬이 귀주대첩으로 승리하고 나서야 현종은 왕궁으로 복귀할 수 있었다고 한다. 현종은 이 때를 잊지 않기 위해 절을 지었는데, 임금이 머물렀다는 뜻에서 '용상사'라 이름 지었다고 전해진다. 용상사는 2015년 11월 화재가 발생하여 대웅전 건물이 모두 소실되었고, 안에 봉안된 조선 초기의 석불 좌상도 훼손되었다.

3) 덕진산성

덕진산성은 파주의 다른 산성들과 달리 임진강 북안 군내면 정자리에 위치한 고구려 성이다. 덕진산성은 임진강변 해발 85m 낮은 산의 능선에 축성한 것으로, 주변 넓은 지역이 조망되는 전략적 요충지에 자리하고 있다.

경기도 지정 문화재 조사 보고서에 의하면, 덕진산성은 조선 시대 지리지인 『동국여지지』에 최초로 소개되었고, 1992년 국립문화재연구소에서 처음 존재가 확인되었다. 이후 1994년과 2004년 육군사관학교에서 지표 조사를 통해 규모와 내용이 파악되었다. 그 후 문화재청은 2012년부터 총 5차에 걸쳐 발굴 조사를 한 결과 내성 전체 구간 600m에 걸쳐 고구려 성벽이 구축됐음을 확인했다.

전문가들에 의하면 덕진산성은 통일신라 시대에 보수·개축되고 조선 광해군 대에 강기슭까지 외성을 덧붙여 쌓아 사용해 왔던 성으로 삼국 시대부터 통일신라 시대, 조선 시대에 이르는 여러 시기의 축성 기술의 변화 과정을 알 수 있어 역사적·학술적 가치가 높다고 한다.

파주에 내려오는 전설 중에는 '덕진당에 얽힌 전설'이 있는데 인조반정 당시 장단부사를 하던 이서가 덕진산성에서 반정세력 군졸을 훈련시킨 후, 부인에게 거사에 성공해 살아서 돌아오면 뱃머리에 빨간 깃발을 꽂고, 실패해 죽어서 돌아오면 하얀 깃발을 꽂을 것이라고 다짐하고 떠났다. 그 후 이서가 반정에 성공해 뱃머리에 빨간 깃발을 꽂고 돌아오는데, 노를 젓던 뱃사공이 더워서 입고 있던 흰 저고리를 뱃머리에 걸어 놓았다. 언덕에서 기다리던 이서의 부인은 저 멀리 뱃머리에 하얀 깃발이 보이자, 남편이 죽은 것으로 생각하고 언덕에서 뛰어내려 자결하였다. 이에 이서는 부인이 몸을 던진 언덕에 덕진당이라는 제각을 짓고 원혼을 위로했다고 전해진다.

덕진산성은 민통선 이북 지역으로 사전 허가를 받아야 출입이 가능하다. 몇 년 전만 해도 지뢰 매설로 덕진산성의 진입이 불가능했으나 최근에는 출입할 수 있게 되었다. 역설적으로 사람의 발길이 닿기 힘들었던 만큼 파주의 삼국 시대 산성 중 그 원형이 가장 잘 남아 있다고 한다. 임진강 북쪽 연안 장단 지역에 설치된 중요한 고구려 방어시설로서 고구려의 역사와 문화를 이해하는 데 있어 핵심적인 유적인 덕진산성은 경기도 기념물 제218호로 지정되었다가 2017년 1월 국가지정 문화재 사적 제537호로 승격되었다.

4) 칠중성七重城

칠중성은 파주시 적성면 구읍리 중성산 정상부 능선에 있는 테뫼식 산성으로 삼국 시대 이래 군사적 요충지로 주목되고 있는 산성이다. 중성산 정상은 해발 147m의 낮은 산이지만 정상에 오르면 주변이 낮은 구릉과 평야시내로 산 위에서 북서쪽으로는 호로고루성, 북쪽으로는 육계토성과 주월리 일대, 남쪽으로는 감악산과 파평산 일대가 조망된다.

전문가들에 의하면 칠중이란 명칭은 칠중하七重河란 명칭에서 왔는데, 삼국 시대에 임진강을 칠중하로 불렀던 것으로 보인다. 한편 전문가들이 옛 문헌을 연구한 결과 칠중성은 백제 때 설치되어 7세기 전반에는 신라가 이 지역을 차지하고 있었고, 7세기 후반에는 일시적으로 고구려의 지배에 있었다고 한다. 신라가 고구려를 통합할 때 전초기지 역할을 했으며, 통일신라가 당나라와 전쟁할 때에는 신라의 최북단 방어선으로 당군을 방어하는 요충지였던 것으로 보인다. 한국전쟁 때에는 영국군이 덕진산성에 진을 치고 중국군을 방어하다가 전세에 밀려 감악산 골짜기로 후퇴해 그로스티서 연대가 설마리 전투에서 전멸했던 것으로 알려져 있다.

2000년대 초부터 칠중성에 대한 본격적인 조사가 이루어지면서 문지 3개소, 건물지, 우물지 등이 확인되면서 서서히 실체가 드러나고 사료적 가치의 중요성이 인정돼 사적 제437호로 지정되었다. 그러나 현재 산성의 규모나 형태가 육안으로 전혀 확인되지 않는 심각한 훼손 상태를 보이고 있어 안타까움을 더해 주고 있다.

5) 육계토성

적성면 주월리 육계동에 있는 경기도 지정 문화재 제217호로 지정된 육계토성은 백제 시대 평지에 축성된 토성이다.

경기도 지정 문화재 조사 보고서에 의하면, 육계토성 내부에서 다수의 백제 유물이 출토된 것으로 보아 백제의 중요한 거점으로 활용되었음을 추정케 한다. 이후 고구려와 백제 사이에 각축이 벌어져 고구려 영토로 귀속되었다.

육계토성은 임진강이 사행곡류 뱀처럼 굽이굽이 흘러 하여 활처럼 튀어나온 평지에 1700m 둘레로 축성되었다. 이곳에는 예로부터 수심이 낮아 나룻가에 사람이 많이 몰렸고, 이를 통제하기 위한 통제소가 설치되었는데, 이것이 육계토성으로 추정된다고 한다. 임진강을 건너는 주요 나루인 가야울과 두지나루를 조망하고 감시하는 지리적 조건을 갖추고 있기 때문이다. 삼국 시대뿐만 아니라 고려와 조선 시대에도 임진강을 건너기 위해 이곳을 이용했고 한국전쟁 때도 북한의 전차부대가 이곳을 건너왔다고 한다.

육계토성은 1996년 수해로 서쪽과 북쪽 성벽 일부가 완전히 유실되었고, 최근까지 군부대가 자리하여 군 시설물이 남아 있고, 현재는 대부분 경작지로 이용되고 있다. 파주시는 2003년 성 내부의 군부대 주둔지에 병영어촌 체험단지 조성을 추진하였으나, 문화재 발굴조사 결과 부적합 지역으로 판정되었다.

육계토성의 역사적 학술적 가치는 임진강 유역에서 확인된 초기 백제의 세력과 고구려 계통의 유물이 함께 출토된 유적이라는 점이다. 특히 풍납토성과 형태나 규모 등의 양상이 유사해 초기 백제 연구에 가치 있는 유적으로 평가된다고 한다. 또 남한 내 고구려 유적은 대부분 성곽을 중심으로 발굴되고 있는데, 육계토성 내부에서는 고구려 생활 유적이 출토되어 고구려 주거지 존재 가능성도 있어 역사적으로나 고고학적으로 매우 큰 의미가 있다.

6.
감악산비

파주시 적성면 객현리 감악산 출렁다리를 건너 범륜사를 지나 감악산 정상에는 신라 시대 세워진 것으로 추정되는 파주시 향토유적 제8호 감악산비가 있다. 비석은 높이 170cm로 기단부·비신·개석을 갖추고 있지만 글자가 마멸磨滅닳아 없어짐되어 전혀 확인되지 않고 있어 '글자가 없는 비'라는 뜻의 '몰자비沒字碑빠질 몰, 글자 자, 비석 비'라 부르기도 하고, 인근 마을에서는 당나라 장수 설인귀 전설과 연관지어 '설

비석의 구성
기단基壇터 기, 壇단 단 바닥에 쌓은 단
비신碑身비석 비, 身몸 신 비문을 새긴 비석의 몸체
개석蓋石덮을 개, 石돌 석 비석의 덮개

감악산비. 파주시 적성면 설마리에 있다. 향토유적 제8호.

인귀비'로 불리기도 한다.

감악산은 높이 675m의 산으로, 예로부터 바위 사이로 검은빛과 푸른빛이 동시에 흘러나온다 하여 감악^{紺감색 감, 嶽큰산 악} 즉 감색바위라고 했다.

1982년 동국대학교 감악산 조사단에서 두 차례에 걸쳐 이 비를 조사한 결과, 그 형태가 북한산의 신라 시대 진흥왕순수비와 비슷하고 적성 지역이 진흥왕의 영토 확장 시기에 따라 세력이 미쳤던 곳이라는 점을 들어 제5의 진흥왕 순수비일 가능성을 제기했으나, 확실한 증거는 발견되지 않았다고 한다.

그런데 감악산 인근 마을에서는 감악산비를 '설인귀비'로 부른다. 적성면 일대에서는 설인귀와 얽힌 전설이 많고, 우리나라 무속신앙에서는 설인귀를 장수로 떠받들고 있기도 하다.

설인귀는 중국 강주 용문에서 태어난 인물로 당나라 고종 때 고구려가 망한 뒤 평양에 설치된 안동도호부 도호로 부임하였다가 여러 벼슬을 거쳐 중국에서 죽은 인물이다. 설인귀는 일개 농민 출신으로 대장군까지 오른 입지전적 인물이고, 중국 수나라와 당나라 사회에서 공포의 대상이었던 고구려와의 전쟁에서 큰 공을 세운 장수이기 때문에 중국에서는 영웅으로 숭배받고 있다고 한다. 하지만 실제의 설인귀는 용맹스럽지만 전쟁 중에 군율을 엄격하게 하지 않아 병사의 노략질을 방임하고 때로는 많은 사람을 참혹하게 살해하는 잔인함을 지녔던 것으로 알려졌다.

이처럼 중국 당나라 출신으로 고구려와 백제를 정벌하는 과정에서 우리 민족을 무참히 살상한 적군 장수 설인귀가 어떻게 파주 적성지역에서는 적성에서 태어난 고구려 유민이라는 이야기와 영웅담이 전설처럼 전해지게 되었을까? 실제로 적성면에 있는 삼광중고등학교에서 발간한 『적성 따라 옛이야기 따라』라는 책에 보면, 적성 지역에서는 설인귀가 적성에서 태어나 어린 시절 적성에서 무예를 익

진흥왕순수비

신라 시대 진흥왕은 낙동강 서쪽의 가야세력을 완전 병합하고, 한강 하류유역으로 진출했으며, 동북으로 함경남도까지 세력을 넓혔다.

이렇게 확장된 영토를 진흥왕이 직접 순수巡돌 순, 狩정벌할 순하면서 민심을 살피고 기념하기 위해 세운 비이다.

지금까지 발견된 것은 창녕비 · 북한산비 · 마운령비 · 황초령비 등 4개이다.

히다가, 큰 뜻을 품고 당나라로 건너가 장수가 되어 고구려와의 전쟁 때 금의환향한 영웅으로 대접받는 전설이 전해지고 있다. 감악산 칼바위는 설인귀가 칼을 꽂았다하여 이름 붙여졌다 하고, 설마치 고개는 설인귀가 말을 타고 달리던 곳이라 하여 생긴 이름이라는 이야기도 전해지고 있다. 또 마지리는 설인귀가 말발굽을 휘날릴 정도로 다녔다 하여 생긴 지명이라는 이야기와 무건리는 설인귀가 무예를 익힌 곳이라 하여 이름 붙여졌다는 이야기, 설마리는 설인귀가 말을 타고 훈련했다 하여 유래되었다는 등 설인귀 설화들이 적성 지역에서는 끊임없이 확대재생산 되고 있다.

설인귀가 당나라 장수이지만 특이하게 파주 일대에 긍정적인 대상으로 추앙받고 있는 것은 학계에서도 연구 대상이라고 한다. 파주 출신 사학자인 이윤희 선생이 쓴 『파주이야기』에는 설인귀가 어떻게 한국 무속 신앙의 신령이 되었는지는 분명치 않지만, 설인귀의 위용이 높아 숭배되어 감악산의 산신이 된듯하다고 추정한다. 더 나아가 당나라의 집요하고 치밀한 우리 민족에 대한 분열술책의 결과로 보기도 한다. 설인귀가 마치 고구려 유민 출신의 당나라 상수라고 허위선전하면서 설인귀의 영웅담을 실은 중국 소설이 조선 후기에 쏟아져 들어옴으로써 마치 설인귀가 우리 민족 출신의 영웅으로 왜곡된 것으로 추정하는 것이다.

7.
고인돌 유적

옛 교하중학교 자리 뒤쪽 구릉지에 있는 교하동 다율리·당하리 고인돌 유적지에는 원래 약 100여 기의 많은 고인돌이 있었다고 한다. 그런데 군부대가 들어와 군사 시설물을 설치하고, 오랜 세월 동안 산림이 훼손되어 대부분이 파괴되었고, 현재는 20여 기만이 원형을 유지하고 있다. 그중 상태가 양호한 6기가 경기도기념물 제129호로 지정되어 있다.

고인돌은 청동기 시대의 대표적 무덤으로 '돌을 고였다_{고인 돌}'하여 붙여진 이름으로 한자로는 '지석묘_{支石墓}'라 부른다. 발굴 조사 당시 청동기 시대의 집터가 발견되기도 한 것으로 전해진다.

전문가들은 이곳의 고인돌은 탁자식 고인돌로 추정하고 있으며 그중 고인돌 1기에는 구멍이 발견되었는데, 이 구멍은 성혈의 흔적이라고 추정하고 있다. 성혈_{星별 성, 穴구멍 혈}은 '별자리 구멍'이라는 뜻으로 고인돌 덮개돌에 별자리 모양의 구멍을 파서 죽은 자의 영생불멸을 기원했던 것으로 추정하고 있다.

전문가들에 의하면 이 곳 고인돌의 덮개돌은 대체로 거북의 모양인데 선사인들도 장수의 동물인 거북을 숭상하고, 거북의 머리 쪽을 물이 흐르는 임진강 쪽으로 향하게 하여 항상 물을 동경의 대상으로 삼은 것으로 추정하고 있다.

교하지역은 다율리·당하리 지역 외에도 고인돌이 다수 분포하는데 교하동 산남리 심학산 등산길 곳곳에 고인돌로 추정되는 돌들이 보이고 있으며 와동리 지산초등학교 인근 산에서도 고인돌 흔적이 발견되고 있다. 특히 교하 지역 상지석리^{현재 운정1동}, 하지석리의 지명은 고인돌에서 유래된 지명으로 지금도 상지석리의 자연마을 이름은 '괸돌'로 불리고 있다

교하 지역은 주변 가까이 큰 산이나 거대한 암벽이 존재하지 않는데, 선사시대 사람들은 중장비의 도움 없이 어떻게 수십 톤이 넘는 돌들을 옮기고 들어서 고인돌을 세웠을까? 그것이 알고 싶다.

사적 제148호로 지정된 월롱면 덕은리 고인돌 유적지는 경의선 월롱역 앞에서 엘지디스플레이^{LGD} 단지를 향해 가다 보면 낮은 구릉지에 세워져 있다. 예전에는 옥석리로 불려 옥석리 유적지라고도 한다. 기록에 의하면 발견 당시 이곳의 고인돌은 대부분이 무너져 땅에 묻혀 있었으며 학술조사 이후 그 중 몇 기를 복원하여 보존하고 있다고 한다. 덕은리 고인돌 유적지는 정상까지 오르다 보면, 1~2개씩의 소형 탁자형 고인돌이 분산되어 약 20여 기가 세워져 있다. 정상에서 약 30m 아래 지점에는 구석기 시대 이 지역의 족장의 무덤으로 추정

고인돌의 모양과 구분(문화재청)

고인돌은 덮개돌의 형태에 따라 크게 '탁자식'과 '바둑판식', '개석식', '위석식'으로 나눈다.

탁자식 고인돌은 잘 다듬은 판석 3~4매를 땅 위에 고임돌로 세워 돌방을 만들고 주검을 놓은 뒤 그 위에 덮개돌을 얹은 모습이다.

바둑판식 고인돌은 땅 아래에 판석을 세우거나 깬돌을 쌓아 무덤방을 만들어 주검을 묻고 땅 위에 고임돌을 낮게 놓은 상태에서 덮개돌을 얹은 모습이다.

개석식 고인돌은 바둑판식 고인돌과 비슷하지만 고임돌 없이 덮개돌만 얹은 것은 고인돌이다.

위석식 고인돌은 무덤방이 지상에 노출되어 있고 여러 매의 판석이 덮개돌의 가장자리를 따라 돌려 세워진 형태로 우리나라 제주도에서만 보인다.

탁자식

바둑판식

위석식

파주 덕은리 주거지와 지석묘군

되는 가장 큰 규모의 고인돌이 세워져 있다.

1963년 덕은리 고인돌 조사 과정에서 청동기 시대의 대형 움집터가 발견되었는데 벽면에는 불에 탄 흔적과 바닥에는 기둥을 세웠던 흔적, 2개의 화덕 자리, 숯 조각 등이 발굴되어 방사성 탄소 연대 측정 결과 이 주거지는 기원전 7세기를 전후하는 시기의 유적임이 밝혀졌다고 한다.

덕은리 유적의 발굴은 일제가 부정했던 청동기 시대가 한반도에 실제로 존재했음을 알려 주었다고 한다. 일본학자들은 한반도에는 청동기 시대가 실재하지 않았고, 석기와 철기를 병행해서 사용한 금석병용기가 있었다고 왜곡된 주장을 했는데, 덕은리 유적의 발굴로 일본학자의 엉터리 주장을 반박하는 결정적 증거가 되었다. 임진강 유역 파주 지역은 청동기 문화를 한강 유역에 전파시킨 가교 역할을 했다는 평가를 받고 있다.

불가사의한 고인돌 설치 작업

고인돌 덮개돌 무게는 보통 10톤 미만이지만 대형의 고인돌은 20~40톤에 이르며, 심지어 100톤 이상도 있다. 1톤을 승용차 1대 무게 정도로 계산한다면 사람 힘만으로는 도저히 들 수 없는 어마어마한 무게이다.

고인돌은 주변 암벽에서 떼어낸 바위를 이용하였다. 연구에 의하면 1톤의 돌을 약 1.5km 옮기는 데 16~20명이 필요하며, 32톤의 돌을 옮기는 데 200명이 필요하다고 한다.

전문가들은 돌을 운반할 때에는 큰 통나무 여러 개를 깔아 놓고 옮기고, 땅을 파서 고임돌을 세운 뒤에는, 고임돌의 꼭대기까지 흙을 쌓아 올려 경사가 완만하게 둔덕을 만들고, 둔덕을 따라 덮개돌을 끌어 올린 뒤, 흙을 치워서 고임돌 위에 덮개돌을 얹었을 것으로 추정한다.

고인돌을 설치하는 모습 (고창 고인돌박물관)

8.
구석기 · 신석기 유적

임진강변에 있는 파주시 파평면 금파리에는 금파리 구석기 유적지가 있다. 2009년 발간된 『파주시지坡州市誌』에 의하면, 금파리 구석기 유적에 대한 발굴조사는 1989년과 1991년에 걸쳐 이루어졌는데 조사결과 이곳에서는 구석기 시대 중요자료인 움집터를 비롯하여 주먹도끼, 찍개, 긁개 등 500여 점의 석기가 출토되어 인근 연천군 전곡리를 위시한 임진 · 한탄강 유역 구석기 문화의 전체상을 이해하는 데 귀중한 자료를 제공하였다고 한다.

또한 전기 구석기 유적에서 야외 주거지의 가능성이 있는 유구가 발견되어 우리나라 구석기 연구사상 획기적인 자료가 될 것이며 나아가 주먹도끼와 가로날도끼 등을 비롯한 비교적 잘 다듬어진 석기 유물들과 함께 앞으로 임진 · 한탄강 유역의 선사생활을 복원하는 데 중요한 자료가 된다고 한다.

파주시 적성면 가월리 · 주월리 마을의 구석기 유적지는 1988년 구석기 유적이 최초로 발견되어 1993년 일부 지역에 대한 시굴조사가 실시되었는데 그 결과 이곳이 기원전 4~5만 년경 우리나라 구석기 시대에 형성된 선사문화 유적지로 밝혀졌다고 한다. 이곳에서 수습된 유물로는 주먹도끼, 가로날도끼, 찍개, 대형긁개, 홈날석기, 몸돌 등 대형 석기가 주류를 이루고 소형 석기들도 다수 발견되었다. 현재 이 지역은 경지정리로 인해 대부분 숲을 이루고 일부는 밭으로 경작되고 있다. 이 유적은 연천 전곡리 유적지와 함께 임진강 · 한탄강 유역의 중요한 구석기 유적의 한 곳으로 평가되고 있다.

　　파주시 문산읍 당동리에는 신석기 시대의 유적인 집터와 야외 화덕자리가 발굴되었다. 당동리 이외 지역에서도 신석기 유적지가 발견되었는데, 율포리, 교하리, 주월리, 육계토성, 선유리, 다율리, 봉일천리 유적 등지에서는 빗살무늬토기 조각이 발견되었다. 2014년에는 법원읍 대능리 56번 국지도 조리 ~ 법원 구간 공사현장에서 신석기 시대의 것으로 추정되는 집터 39기와 빗살무늬토기가 발견되었는데, 문화재청 전문가들에 의하면 구릉 정상부와 경계면에서 발견된 신석기 시대 마을유적 중 최대 규모라고 한다.

9.

박중손 묘역 내 장명등

파주시 탄현면 오금리에는 조선 전기때 좌찬성^{지금의 부총리급} 벼슬
을 한 문신 박중손의 묘가 있다. 이 묘역에는 보물 제1323호로 지정
된 장명등이 세워져 있다. 이 장명등은 광탄면 용미리 마애이불입상
과 더불어 파주시에 있는 두 개의 국가 보물 중 하나이다. 장명등^{長길}
^{장, 明밝을 명, 燈등잔 등}이란 묘 앞에 불을 밝힐 수 있도록 돌로 만들어 세
운 네모진 등을 말한다. 박중손의 묘는 부인 남평 문씨의 묘와 나란
히 자리하고 있는데, 오른쪽이 박중손의 묘이고, 왼쪽이 부인의 묘
이다.

파주시 향토 사학자 정헌호 선생이 한 언론에 연재한 '내고장 역사
교실' 칼럼에 의하면, 박중손은 15세에 과거에 합격한 후, 단종 임금
때는 도승지^{지금의 대통령 비서실장}에 올랐다. 그러나 단종 임금의 숙부인
수양대군^{이후 세조 임금}이 한명회, 신숙주 등과 함께 단종을 몰아내고 임

금에 오르는 계유정난을 일으켰을 때, 박중손은 수양대군 편에 서 세조 때에는 대사헌^{지금의 검찰총장}을 거쳐 여러 판서^{지금의 장관급} 역임하다, 세조 12년^{1466년}에 55세로 생을 마감하였다 한다.

『파주시지^{坡州市誌}』에 의하면, 박중손 묘역 내 장명등이 화창의 모양이 해와 달의 모양을 하고 있는 것이 특징이라고 한다.

두 기의 장명등은 각각 두 개의 화강암을 사용했는데, 하나는 대좌^{臺座}와 불을 밝히는 화사^{火舍}부분이며, 다른 하나는 지붕돌인 옥개석과 연꽃봉오리 모양의 보주 부분이다.

기록에 의하면 부인 문씨가 먼저 사망했으므로 그의 묘 앞에 있는 장명등이 먼저 만들어졌을 것이다. 부인 묘 앞의 장명등은 상대적으로 폭이 좁아 날씬한 모양을 하고 있으며 4면의 화창이 모두 사각형이다. 이에 비해 박중손 묘 앞의 장명등은 중후하고 듬직한 느낌으로 앞면과 뒷면의 화창은 사각형, 동쪽의 화창은 원형, 서쪽의 화창은 반원형으로 되어 있다. 이때 사각형의 화창은 땅을, 원형의 화창은 해를, 반원형의 화창은 달을 상징한다. 이처럼 박중손 묘역에 있는 장명등은 다른 곳에서는 거의 찾아볼 수 없는 독특한 형태를 취하고 있다.

또 다시 전문용어의 향연이 펼쳐진다. 암호문 해독의 험난한 여정이 시작된다.

화창^{火窓}이란 무엇인가? 석등의 불을 켜놓는 부문에 뚫은 창문을 말한다. 대좌^{臺座}란 물건을 안치하는 대를 말한다. 화사^{火舍}란 무엇인가? 석등의 중간에 등불을 밝히도록 된 부분을 말한다. 옥개석은 무엇인가? 옥개석^{屋집 옥, 蓋덮을 개, 石돌 석}은 석등이나 석탑 위에 있는 지붕

박중손 묘 장명등을 살펴보는 필자.

모양의 덮개를 말한다. 보주란 무엇인가? 보주寶보배로울 배, 珠구슬 주는
보배로운 구슬을 말한다.

　박중손 묘 장명등의 화창이 땅과 해와 달을 상징하는 독특한 모
양을 하고 있는 것은 박중손이 세종의 특명으로 천문을 연구하는
서운관에 오를 정도로 천문에 박식했던 것과 관련이 있는 것으로
추정된다.

　파주 지역 마을에서는 박중손 묘역과 얽혀 있는 이 마을 지명의 유
래에 대한 이야기가 전해져 내려오고 있다. 박중손이 55세에 사망하
자 문중에서는 유명한 지관을 시켜 명당을 찾도록 했는데, 지관이 묘
지를 물색하던 중 까마귀 우는 소리가 들려 길지를 찾았다. 훗날 이
지역은 지관이 까마귀가 울기 전까지 명당을 찾지 못한 자신의 눈을
질책하며 '나의 눈을 원망하다'라는 뜻의 질오목叱꾸짖을 질, 吾나오, 目눈 목

이라는 마을이 되었고, 까마귀가 울던 자리는 오고미烏까마귀 오, 呑일릴 고, 美아름다울 미 마을로 불리다가, 두 마을을 합쳐 오금리吾今里가 되었다는 것이다.

10.
화석정花石亭

파주시 파평면 율곡리 임진강변에는 율곡 이이의 체취가 남아 있는 경기도 유형문화재 제61호 '화석정'이 있다. 이 정자는 본래 고려 말의 대유학자였던 야은 길재의 유지를 받들기 위해 조선 세종 때 율곡 선생의 5대조 할아버지가 지었는데, 성종 때 이숙함 선생이라는 분이 화석정花石亭이라 이름을 지었다 한다. 화석花石이란 말은 중국 당나라 때 재상 이덕유가 지은 별장에서 유래되었다 한다. 이덕유의 별장인 평천장은 기화이초奇花異草, 기이한 꽃들과 이색적인 풀들와 진송괴석珍松怪石, 진귀한 소나무와 괴상한 돌이 넘쳐 멋진 풍광을 자랑했는데, 여기서 화석花石을 따왔다고 한다. 굳이 필자가 숨겨진 뜻풀이를 하지면 '아름다운 꽃들과 기이한 돌들이 있는 멋들어진 정자'라고 할 수 있겠다.

화석정은 임진왜란 때 불타 없어졌다가 80여 년 후 1673년에 율곡의 후손들이 세웠으나 한국전쟁 때 또다시 소실되고 말았다. 현재의 화석정은 1966년 파주지역 유림들이 성금을 모아 복원했는데 '花石亭화석정'이라는 한자 현판은 박정희 전 대통령의 친필이라고 한다. 화석정 내부 뒷면에는 율곡이 8세 때 아버지를 따라 파주로 이사 와서 화석정에 올라서 지었다고 알려진 8세부시八歲賦詩가 걸려 있다. 부시賦부세 부, 詩시라는 한자는 '한시를 짓는다. 읊다'라는 의미이다. 8세부시 한시의 내용은 화석정 왼쪽 옆에 세워진 시비에 옮겨져 있다.

한편, 화석정에는 임진왜란 때 선조의 피난 길을 밝혀 준 일화가 전해져오고 있다. 임진왜란이 일어나자 선조는 의주로 피난길에 올라, 화석정 옆 임진나루에 도착했는데, 그날이 음력으로 4월 29일 그믐날 저녁 무렵인데 주위는 칠흑 같은 어둠이 내리고 폭우까지 내려 한 치 앞을 분간할 수 없어 임진강을 건너갈 배를 타지 못했다 한다. 이때 임진나루 남쪽 기슭에 있는 화석정에 불을 질러 그 불빛이 강을 훤히 비추어 선조가 무사히 건넜다는 이야기이다. 율곡이 살아생전 이 같은 때를 대비해 불이 잘 붙도록 제자들에게 들기름으로 정자의 기둥과 서까래를 닦도록 했다는 이 이야기는 율곡의 선견지명을 추앙하는 내용이 담겨진 것이다.

그러나 위 이야기와 달리 최근 색다른 시각으로 선조의 임진나루 피난길을 재조명하는 움직임이 있다. 임진왜란 당시 선조의 피난길을 돕기 위해 불태운 것은 화석정이 아닐 수도 있다는 주장이다. 파주시청에서 2009년 발간한 『파주시지坡州市誌』에서 새로운 시각으로 접근하는 단초를 발견할 수 있는데, 다음은 『파주시지坡州市誌』에서 화석정을 설명한 한 대목이다.

화석정. 경기도 파주시 파평면 율곡리 산100-1에 있다. 경기도 시도유형문화재 제61호.

(징비록을 읽어 보면. 필자주) 임금은 배 안에서 수상유성룡과 나졸을 불러 보셨다. 강을 건너니 이미 황혼이 지나 길을 찾기가 몹시 힘들었다. 임진강 남쪽 기슭에 승청承廳이 있었다. 적이 나무를 베다가 뗏목을 만들어 강을 건너올까 두려워서 재목에 불을 놓았더니 불빛이 강북을 비처 길을 찾는 데 도움을 주었다. 초경이 되어서 동파역東坡驛에 이르렀다.

이 기록에 보면 이미 강을 건넌 후 승청에 불을 질렀는데 그것은 길을 밝히기 위해서가 아니라 적이 뗏목을 만들어 뒤쫓아 오는 것을 두려워했기 때문이며 마침 그 불빛이 길을 찾는 데 도움을 주었다는 상황이 잘 기록되어 있다. 여기서 말하는 승청을 곧 화석정으로 보는 것은 무리가 있지 않을까?

『파주시지波州市誌』에서는 승청이 곧 화석정이 아닐 수 있다고 조심스런 질문을 던진다. 파주시청 간부로 근무하는 이기상 선생은 한 발더 나아가 2017년에 쓴 E-BOOK『색다른 파주 이야기』에서 화석정 소각설에 대해 도발적으로 반박한다.

유성룡의 징비록에는 화석정 소각설과 다르게 임진나루에 있는 건물을 헐어 목재를 불태워 뱃길을 밝히고 왜군이 뗏목을 만들지 못하도록 하였다고 당시 상황을 상세하게 기술해 놓았다.

더욱이 이기상 선생은 승청朝廷乘承.廳관청청을 나루터 선박관리건물 승정乘탈승.후정자정으로 해석하며, 화석정과 임진나루 그리고 강건너 동파리까지 거리를 재어 보는 한편 당시 기상조건을 대입하여 시뮬레이션을 해 본 결과, 임진나루 선박 관리 건물 승정의 누각을 태웠다고 주장한다.

여행 전문가 박종인 씨도 2017년 한 신문 칼럼을 통해 "화석정과 임진나루는 거리가 600m가 넘는다. 악천후 속에 불길을 보기에는 너무 멀다. 기록 또한 없다. 영조 때 채제공이 지은 『번암집』에는 선조를 수행한 이광정이라는 문신의 노비 애남이 나루 양안 갈대숲에 불을 질렀다고 기록돼 있다."며 화석정 소각설에 근본적 의문을 제기한다.

11.
황희 정승 묘

　파주시 탄현면 금승리에는 경기도 기념물 제34호로 지정된 황희 정승의 묘소가 있다. 금승리 마을은 대대로 장수 황씨의 터전으로, 마을을 둘러싸고 있는 산은 대부분 장수 황씨의 선산이라고 한다.

　황희 정승은 세종대왕 아래서 영의정을 18년 한 것을 포함, 28년 동안 관직에 있으면서 5판서 3정승을 두루 역임했으며, 87세에 관직에서 물러나, 현재의 문산읍 사목리에 반구정伴鷗亭이라는 정자를 짓고 갈매기를 벗 삼아 여생을 보내다가 1452년문종 2 90세를 일기로 생을 마감하고, 탄현면 금승리 선영에 안장되었다.

　황희 정승 묘에서 정면에 마주하고 있는 산 중턱에는 황희의 셋째 아들 황수신의 묘가 자리 잡고 있는데, 황수신은 음서제과거 시험에 의하지 않고 상류층 자손을 특별히 관리로 채용하는 제도로 벼슬길에 올라, 세조 때 영의정에 오른 인물이다. 황희 정승 집안은 조선 왕조 500년 동안 아버지와 아들이 2대에 걸쳐 영의정에 오른 명문 대가의 면모를 보여 주고 있다.

아버지 황희와 아들 황수신 사이에 유명한 일화가 전해진다. 황수신이 젊은 시절 술집에 자주 드나들자, 황희는 황수신에게 자제할 것을 충고하는데 황수신이 말을 듣지 않았다. 이에 어느 날 황수신이 집으로 돌아오자 황희가 관복을 입고 문까지 나와 손님맞이하듯 했다. 황수신이 놀라며 까닭을 묻자 황희는 "그동안 아들로 대했는데 말을 듣지 않으니 아버지로 여기지 않는 것이다. 그래서 부자기간이 아니라 손님으로 대하는 것이다."라고 말해 황수신이 크게 뉘우쳤다는 것이다.

황희 정승의 장례식 날 임금 문종은 신하의 장례식에 가는 것은 매우 드물고 이례적인 사건이었지만, 황희 정승 묘지 근처까지 행차해 눈물을 삼키고 돌아갈 정도로 극진히 추모했다. 현재 황희 정승의 묘지 우측에 보이는 봉우리 이름을 어봉御임금 어. 峰봉우리 봉이라 한다고 전해진다.

황희 정승 묘의 특징은 『파주시지坡州市誌』에 잘 묘사되고 있는데, 일반적인 조선 시대 사대부 묘와 달리 매우 큰 봉분 가지고 있다는 것이다. 또 하나의 특징은 봉분 앞으로 ㄷ자 모양으로 묘를 보호하는 호석護石을 쌓았는데 그 모습이 흡사 양팔을 내밀고 있는 형상이다. 이와 같은 형상은 흔히 볼 수 없는 묘의 형태인데 아마도 봉분의 무너짐을 막기 위한 조치로 추정된다고 한다. 묘역에는 봉분 앞 중앙에 상석과 향로석이 놓여 있으며 봉분 우측으로 묘비가 세워져 있다. 그 아래로 중앙을 약간 비껴 장명등이 놓여 있으며 양쪽으로 동자석 2기와 문인석 2기가 단을 달리하여 세워져 있다. 묘역의 아래로는 황

황희 선생 묘. 경기도 파주시 탄현면 금승리 산1번지에 있다. 경기도 시도기념물 제34호.

희 정승 영정을 모신 영정각과 영정각 옆으로 신도비를 모신 신도비
각이 자리잡고 있다. 신도비각 내에는 비문이 마모된 원래의 신도비
와 새로 세운 신도비 2기가 있는데 원래의 신도비는 신숙주가 글을
지었으며 안침이 글씨를 썼다고 한다.

　여기서 말하는 향로석香향기 향, 爐화로 로, 石돌 석이란 향을 피우기 위해
향로를 올려 놓는 돌을 말한다. 또 동자석童아이 동, 子아들 자, 石돌 석은 죽
은 자의 시중을 들기 위해 동자童子의 형상으로 만들어서 무덤 앞에
세우는 석상을 말한다. 문인석文人石은 묘 앞에 세우는 문관文官 모습
의 석상을, 신도비神귀신 신, 道길 도, 碑비석 비는 신령이 다니는 길을 나타
내는 비석으로 무덤으로 가는 길목에 세워 죽은 이의 업적을 기리는
비석을 말한다.

　옛날에는 왕릉이 아니어도 사대부 집안 묘소에는 묘비, 호석, 상

석, 향로석, 동자석, 문인석, 장명등, 망주석望柱石, 무덤 좌우에 하나씩 세우는 기둥, 신도비 등 여러 가지 조형물을 웅장하게 세웠다. 그러나 지금은 아무리 부유하고 번성한 집안이라고 하더라도 묘지 조형물을 마음대로 조성하지 못한다. 왜냐하면 '장사 등에 관한 법률'에 따라 묘지에는 비석 1개, 상석 1개, 그 밖의 석물石物, 돌로 만든 물건 은 1개 또는 1쌍높이는 지면으로부터 2미터 이내을 설치할 수 있으며, 인물상은 설치할 수 없다고 한다.

12.
반구정伴鷗亭

경기도 문화재자료 제12호로 지정된 '반구정'은 황희 정승이 87세에 관직에서 물러나 여생을 보낸 곳으로, 문산읍 사목리에 자리잡고 있다. 원래는 임진강 기슭 낙하진과 가깝게 있어 낙하정이라 불렀다 한다. 반구정이 있는 문산읍 사목리에서 황희 정승의 선산이 있고, 장수 황씨가 대대로 살고 있는 탄현면 금승리까지는 약 10km 정도 떨어져 있는 거리이다.

반구정伴벗 반, 鷗갈매기 구, 亭정자 정을 뜻풀이 하자면 '갈매기를 벗 삼은 정자'라는 뜻이다.

반구정은 황희 정승이 사망한 후 그를 기리는 전국 선비들이 유적지로 보호해 왔으나, 한국전쟁 때 모두 불타 없어져 후손들이 부분적으로 복구해 유지하였다. 그러나 최근 성역화 사업을 하면서 황희 정승의 영정이 있는 방촌영당과 방촌기념관을 조성하면서 목조 건물로

반구정. 경기도 파주시 문산읍 사목리 190에 있다. 경기문화재자료 제12호.

개축하여 정자의 원래 모습을 되찾게 되었다.

　농부작가 이재석 선생이 쓴 『임진강 기행』에 보면, 임진강에는 한벽정, 창랑정, 몽구정, 칠송정 등 수 많은 정자들이 있었지만 지금 볼 수 있는 것은 반구정과 화석정 뿐이라고 한다.

　풍수학자 고제희 씨는 서울 강남 압구정狎鷗亭숙할 압, 鷗갈매기 구, 후정자 정과 문산의 반구정을 재미있게 비교한다. 압구정은 세조 때 최고의 권력자 한명회의 호이자 정자이다. 압구정과 반구정 두 정자 모두 갈매기와 벗한다는 뜻을 담고 있지만, 한명회의 서울 강남 압구정은 갈매기를 길들여 손아귀에 쥐고 놀겠다는 뜻이 숨어 있는 반면에 반구정은 진정 친한 벗이 되겠다는 마음이 담겨 있는 차이가 있다는 것이다. 현재 압구정은 사라져서 지금은 강남구 현대아파트 72동의 작은 표석만 그 터임을 알리고 있다고 한다.

그러나 갈매기를 벗 삼아 안빈낙도安貧樂道, 가난하더라고 평안하고 즐기는 마음으로 살아감의 삶을 추구하는 평화로움의 상징이었던 반구정은 지금은 정자 뒤에 둘러쳐진 민간인 통제 철책선으로 남북 분단의 아픔이 공존하는 지역이 되었다. 사람들은 황희 정승의 고향인 개성을 마음대로 오가지 못하지만, 반구정에서 바라다 보이는 철책선 너머 북녘 땅 위로 갈매기만 무심히 날아든다.

13.
황희 정승 영당지

반구정 바로 옆에 있는 황희 정승 영당지는 황희 정승의 업적을 기리기 위하여 후손들이 영정을 모시고 제사를 지내는 곳으로 경기도 기념물 제29호이다.

황희 정승 영당지에 대한 『파주시지 坡州市誌』의 설명은 아래와 같다.

1455년세조 1에 건립된 방촌영당은 정면이 3칸, 옆면이 2칸인 초익공 양식의 맞배지붕 건물로 영당 내부 중앙에 감실을 두고 그 안에 영정을 모셨다. 건물 주위로는 방형의 담장을 두르고 정면 입구에 출입문인 솟을삼문을 두었다.

방촌황희의 호 영당은 전통 한옥양식으로 건립되어, 설명문은 지나

치게 어려운 한옥 건축 전문용어들이 등장하는데, 풀어쓰면 다음과
같다.

초익공양식初처음초, 翼날개 익, 工장인 공, 樣모양 양, 式법 식이란 새의 날개 모
양翼工,익공을 닮은 기둥과 보를 받치는 양식을 말하는 한옥 건축용어
로 비전문가는 이해하기 어려운 전문용어이다. 맞배지붕은 한옥 중
에서 가장 간단한 지붕형식으로 지붕면이 양면으로 경사를 짓는 지
붕을 말한다.

감실龕감실 감, 室방 실이란 신위나 영정, 불상을 모셔둔 곳을 말한다.

방형의 담장이란 네모반듯한 모양을 방형方形이라 하는데, 네모반
듯한 담장을 말한다.

솟을삼문이란 좌우에 연결되어 있는 담장이나 행랑채보다 높이 솟
아있는 대문을 말한다.

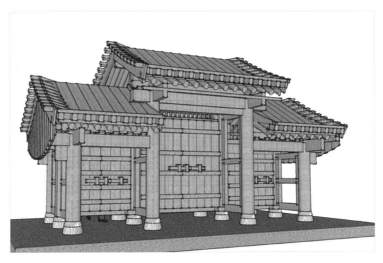

솟을삼문.

14.
윤관 장군 묘

윤관 장군의 묘역은 파주시 광탄면 분수리에 있으며, 사적 제323호로 지정되어 있다.

윤관 장군은 파주 삼현윤관, 황희, 이이 중 가장 오래된 인물인데, 출생 연도는 정확히 알려지지 않았다. 윤관 장군은 문무를 겸비한 인물로 고려 문종 때 문과로 급제하여 여러 관직에 올랐다. 특히 윤관 장군은 여진족의 침입에 대비하기 위해 기마병으로 구성된 신기군과 보병으로 구성된 신보군 등으로 편성된 별무반을 1104년 창설하였다.

윤관 장군은 1107년 17만 대군을 이끌고 여진 정벌에 나서 압승하여 여진족 거점에 9성을 축조하였으나, 그 뒤 고려 조정은 9성을 여진에게 돌려주었다. 그러자 윤관을 시기하던 세력은 윤관에게 '무모한 전쟁으로 국력을 소모시킨 자라는 억울한 누명을 뒤집어 씌워, 결국 윤관 장군은 모든 벼슬을 내려놓고 고향 파주로 낙향하여 책을 벗

윤관 장군 묘역. 경기도 파주시 광탄면 분수리에 있다. 사적 323호. 사진은 윤관 장군의 묘역으로 들어가는 필자.

삼아 지내다 1111년 생을 마쳤다.

윤관이 잠들어 있는 광탄면 분수리는 조선 시대 역원인 분수원이 있어 붙은 이름으로, 분수盆큰 분, 水물 수는 임진강과 한강으로 흘러가는 물이 기원한다는 의미이다. 고려 시대 때는 공민왕과 노국공주가 홍건적의 난을 피하여 남쪽으로 도망가는 길에 분수원에 이르렀다고 하는 이야기가 전해진다.

윤관 장군의 묘소는 정확한 위치를 알 수 없었으나, 조선 후기 영조 때 이곳에서 지석誌石, 무덤의 주인을 쉽게 찾아내도록 죽은 사람의 이름, 생일, 행적 등을 적어 묻는 돌이 발견되어 후손들이 새로 만든 묘역으로 고려 형식이 아닌 조선 후기의 형식이라고 한다.

윤관 묘역은 왕릉에 버금가는 규모로 웅장하다는 것이 특징이다.

홍살문붉은 색을 칠한 나무문에서 묘소까지는 약 100여m에 이르며 잔디
와 적송들이 묘역 경관을 품위 있게 장식한다.

봉분 아래에는 장대석길게 다듬은 돌 모양의 호석이 있고, 봉분 앞에는
상석과 묘비, 망주석, 장명등, 동자석, 문인석, 무인석, 석마, 석양 등
이 일렬로 배치되어 있는데 망주석과 문인석 한 쌍을 제외하고 다른
석물은 모두 후대에 세워진 것이라고 한다.

윤관 장군은 문인이면서 무인이기도 해, 윤관 장군 묘 앞에는 황희
정승 묘지와는 달리 문인석과 무인석이 같이 세워져 있다.

묘역 아래에는 윤관 장군의 영정이 봉안되어 있는 여충사가 자리
잡고 있다.

15.
윤관 장군의 별장 상서대

　윤관 장군 묘역에서 약 19km 떨어진 파주시 법원읍 웅담리에는
파주시 향토유적 제11호로 지정된 윤관 장군의 별장 상서대^{尚書臺}가
있다.

　상서대는 윤관 장군이 상서^{尚書} 벼슬에 있을 때 휴양을 하던 별장
지이며 후손들이 학문을 닦던 유서 깊은 자리로, 묘소를 찾지 못하는
파평 윤씨 조상들을 모신 추원단^{追따를 주, 遠멀 원, 壇단 단}이 있는 곳이기
도 하다. 상서대가 있는 웅담리 마을의 지명 유래는 윤관 장군의 애
첩 웅단과 관련이 있는 것으로 전해진다. 웅단이 전장에 나간 윤관
장군을 기다리다 상서대 옆 연못으로 떨어져 죽었는데, 웅단이 떨어
져 죽은 그 연못의 이름을 곰소라 부르며 한자로 웅담^{熊곰 웅, 潭못 담}이
라 부르게 되었다고 한다. 웅담 위쪽 절벽에는 웅단이 몸을 던진 바
위에 낙화암비^{落떨어질 락, 花꽃 화, 巖바위 암, 碑비석 비}가 세워져 있다.

윤관 장군 별장 상서대. 파주시 법원읍 웅담리 330번지에 있다. 파주시 향토유적 제11호.

상서대 건축물은 현재 남아 있지 않은데, 『파주시지^{坡州市誌}』에서 상서대를 설명하는 내용은 다음과 같다.

> 장방형^{長方形}의 담장을 두르고 사주문을 세워 출입할 수 있도록 하였다. 내부 정면에 상서대^{尙書臺}라고 쓴 비가 세워져 있으며 내부에는 윤관이 직접 심었다는 느티나무가 보호수로 지정되어 있는데 이 나무는 임진왜란 때 불탔다가 다시 새싹이 자랐났다고 한다.

장방형^{長方形}이란 일본식 한자어로 우리말로는 직사각형을 말한다. 정사각형은 일본식 한자로 정방형^{正方形}이라고 한다. 사주문^{四柱門}이란 솟을대문과 달리 행랑이 아닌 담장에 대문을 설치할 때 주로 이용되던 것으로 기둥을 네 개 세워 만든 단 칸의 대문을 말하는 한옥 건축용어이다.

16.
향교

향교는 고려와 조선 시대에 나라에서 지방에 설립한 공립학교를 말한다.

향교에서 문묘文廟 역할을 하는 건물을 대성전이라 하는데, 대성전 중앙에는 중국 5성현공자·안자·증자·자사·맹자의 위패가 있고 좌우로 공자의 제자들과 우리나라 18현 등 현인들의 위패가 있다. 향교 건물 중 강의 공간을 명륜당이라고 한다.

파주에는 현재 3개의 향교가 있다. 『파주시지坡州市誌』에 의하면 한국전쟁 때 불타 버린 장단향교를 포함하면, 모두 4개의 향교가 있는 셈인데, 우리나라 자치단체 중에서 가장 많은 수라고 한다. 그 이유는 옛날에 파주시는 파주, 적성, 교하, 장단 지역 등 4개 군현으로 나누어 있었고 군현별로 각 1개씩 향교를 설립하는 것을 원칙으로 했기 때문이라고 한다.

1) 파주향교

파주읍에 있는 파주향교는 파주에서 최초로 건립된 향교로 원래는 고려 충렬왕 때 건립되었다고 한다. 그 후 임진왜란과 한국전쟁 당시의 건물이 소실되어 여러 차례의 복원과 보수가 이루어졌다고 한다.

파주향교에는 강의공간인 명륜당이 앞에 있고 배향공간인 대성전이 뒤에 있다. 향교 뜰에는 은행나무가 심어져 있는데 공자의 고향인 중국 산동성 곡부현에서 공자가 가르치던 자리에 제자들이 그를 기념하기 위해 은행나무를 심은 것에서 유래한다고 한다. 유림의 본산인 서울 명륜동에 있는 성균관대학교에는 실제로 500년 된 은행나무가 있고, 학교의 상징도 은행나무이다.

2) 교하향교

교하향교는 원래 조선 태종 때 1407년 교하현 관아가 있는 탄현면 갈현리에 창건되었다고 한다.

그런데 영조 때 갈현리 향교 자리에 인조의 무덤인 장릉이 문산읍 운천리로부터 옮겨옴에 따라 현재의 위치인 금촌고등학교 앞으로 이전하게 되었다고 한다. 교하향교의 특징은 공간의 대문을 솟을삼문으로 짓지 않고 평대문으로 세운 것으로 경기도 문화재자료 제11호로 지정되었다.

교하향교. 파주시 금릉동 355에 있다. 경기도 문화재자료 제11호.

3) 적성향교

파주시 향토유적 제3호로 지정된 적성향교는 적성면 구읍리에 있는데, 구읍리는 조선 시대에 적성현의 관아가 있던 곳이다.

적성의 행정구역은 인근의 연천군, 양주시 지역과 통폐합이 여러 차례 이루어졌던 곳이라, 현재까지도 적성향교 유림 중에는 양주지역 사람들도 있다고 한다. 적성학교는 조선 전기에 창건된 것으로 알려지고 있으나 정확한 창건 연대는 알 수 없다고 한다. 적성향교의 특징은 다른 향교처럼 강의 공간과 제향 공간을 나누지 않고 한 울타리 안에 있다는 것이라고 한다.

적성향교. 파주시 적성면 감악산로 1311-20에 있다. 파주시 향토유적 제3호.

4) 장단향교

장단향교는 민통선 내인 장단면 읍내리에 자리잡고 있다가 한국전쟁 때 소실된 이후로 민통선 지역이 되어 복구되지 못한 상태로 있다고 한다.

장단군지長湍郡誌 등 옛날 자료에 의하면, 장단향교의 특징은 파주의 다른 향교에서는 볼 수 없는 제향을 준비하는 별도의 건물인 '전사청'이 있었던 것이며, 규모가 큰 향교로 추정된다고 한다.

17.
서원書院

서원은 조선 시대 선비들에 의해 설립된 사립 교육기관이다.

우리나라 최초의 서원은 조선 중종 때 풍기군수 주세붕이 세운 경북 영주에 있는 백운동서원인데, 백운동서원은 이황의 요청에 의해 명종이 '소수서원'이란 친필 현판과 서적, 노비를 내린 우리나라 최초의 사액서원이다. 사액賜額寺, 額현판 액이란 임금이 이름을 지어 주고 노비나 토지 등을 하사하는 것을 말한다. 서원의 배향 인물은 향교와 달리 그 지역의 명현들을 모시고 있다는 점에서 향교와는 근본적으로 다르다고 한다.

1) 파산서원坡山書院

파주 최초로 설립된 파산서원은 파평면 눌노리에 있으며, 선조 때

파산서원. 파주시 파평면 파산서원길 24-40에 있다. 경기도 문화재자료 제10호.

휴암 백인걸과 율곡 이이 등이 세운 파산학의 본산이다.

파산서원은 창건된 지 78년 만인 효종 때 사액을 받았고, 대원군의 서원 철폐령 때에도 존속된 전국의 47개 서원 중 하나로 경기도 문화재자료 제10호로 지정되었다. 파산서원에 배향된 인물은 휴암 백인걸과 우계 성혼, 성혼의 아버지 성수침, 성혼의 숙부 성수종 네 사람이다. 파산학은 같은 파주 지역에서 학문을 닦은 백인걸, 성수침, 성혼, 이이, 송익필 등의 학풍을 말한다.

2) 자운서원紫雲書院

법원읍 동문리 자운산 자락 아래 경기도 기념물 제45호로 지정된 자운서원은 광해군 때 율곡 이이를 추모하기 위해 지역 유림들에 의해 세워졌다. 그 후 효종으로부터 '자운'이라는 사액을 받았다.

대원군의 서원 철폐령으로 철폐되었고 빈터에 묘정비^{서원의 내력을 기록하여 서원 앞에 세운 비. 일명 서원비라고도 한다}만 남았었는데, 우암 송시열이 글을 지었다고 한다. 경내와 서원 건물은 1970년 이후 새롭게 복원해서 고풍스런 멋은 없다.

서원 공간 밖, 자운산 능선에는 율곡 이이 묘를 비롯한 집안 묘 13기가 있다. 묘역의 특징은 율곡 이이와 부인의 묘가 위에 있고, 부친 이원수와 신사임당의 합장묘가 아래에 있다는 것이다. 율곡의 묘가 부모의 묘보다 위에 있는 것에 대해서는 여러 가지 다른 견해가 있다.

파주 출신 사학자 이윤희 선생이 발간한 『파주이야기』에는 "아들의 묘가 부모의 묘소 위에 위치하는 이른바 역장逆거스릴 역, 葬장사지낼 장, 도장倒거꾸로 될 도, 葬장사지낼 장은 추측만 있을 뿐 정확한 해답을 얻을 수 있는 자료는 확인되지 않고 있다."고 보고 있다.

반면 한국고전번역원의 장주식 씨가 발간한 『삼현수간』에는 "아들의 벼슬이 부모보다 높으면 묘를 위에 쓸 수 있다고 한다. 향양리에 있는 우계의 묘도 아버지 성수침보다 위에 있다."는 견해를 밝히고 있다.

묘지 중 가장 높은 곳에 있는 율곡의 부인 곡산 노 씨 무덤에 대해서도 견해가 나누어진다. 한국고전번역원의 장주식 씨가 발간한 『삼현수간』에는 율곡의 부인 노 씨는 남편이 죽은 뒤 8년 후 임진왜란이 일어났을 때, 파주까지 쳐들어온 왜군들의 겁탈을 피하려 몸종과 함께 스스로 목숨을 끊었는데, 나중에 가족들이 시신을 수습할 때 누가 부인이고 몸종인지 분간하기 어려워 함께 묻었다고 한다. 그것이 남편과 합장을 하지 못하고 조그맣게 무덤을 쓰게 된 연유라고 한다. 반면 이윤희 선생이 쓴 『파주이야기』에는 부인 노 씨가 율곡 선생의 묘소에서 왜적에게 살해당한 것으로 보이지만, 몸종이 함께 목숨을 끊어 합장하여 후미에 묻었다는 이야기는 정확한 기록이 없어 단언할 수 없다고 썼다.

묘역 입구에 있는 율곡 이이의 신도비 비문은 이항복이 지었다고 하며, 신도비 앞면에는 한국전쟁 때의 것으로 추정되는 총탄이 남아 있다.

송달용 전 파주시장의 회고록에 의하면, 1973년 박정희 전 대통령의 지시에 의해 자운서원 성역화 사업이 이루어졌는데, 그때까지 자운서원 경내에는 덕수 이씨 가족묘역을 300여 년간 지키며 거주하던 28세대 150여 명의 주민들이 있었다고 한다. 그 주민들에 대한 보상과 이주대책 마련을 위해 힘겨운 협상 끝에 자운서원 바로 아래 대체부지로 이전하였다고 한다.

3) 용주서원龍洲書院

월롱면 덕은리에 있는 파주시 향토유적 제1호인 용주서원은 파주의 서원 중에서 가장 멋스러운 서원이라고 한다.

용주서원은 우계 성혼의 스승인 휴암 백인걸 기리고자 백인걸의 집터에 세워졌는데, 그 후 대원군의 서원 철폐령 때 철폐되었다가 후에 복원하였다고 한다. 파산서원과 자운서원이 사액서원이라면 용주서원은 비사액서원이라고 한다.

신곡서원 건립 당시 심었던 느티나무. 현재 새금초등학교에 있다.

4) 신곡서원지^{新谷書院址}

신곡서원은 숙종 때 지역 유생들이 옛 교하현 금성리^{현 금촌동}에 세
워 숙종으로부터 사액을 받았으나, 대원군의 서원철폐령 때 폐지된

후 복구되지 못해 집터^{址터}^지만 남아 있어 신곡서원이라 부르지 않고 신곡서원지^{新谷書院址}라 부른다. 현재 신곡서원의 터에는 새금초등학교가 들어섰고, 인근 아파트 이름은 서원마을이다. 새금초등학교에는 신곡서원 건립 당시 심었던 큰 느티나무 한 그루만이 남아 있다.

신곡서원에는 윤선거 선생이 배향되었는데, 문장과 글씨에 모두 뛰어나 사후 영의정에 추증되었다고 한다.

18.
화완옹주와 정치달 묘

　문산읍 사목리 황희 정승 영당지 진입로 오른편에는 파주시 향토 유적 제14호로 지정된 영조와 영빈 이 씨 사이에서 태어난 아홉째 딸 화완옹주와 사위 정치달의 묘가 있다. 정치달은 문신으로 1749년 화 완옹주와 혼인했으나 자식 없이 1757년 요절했다고 한다.

　아버지 영조의 사랑을 가장 많이 받던 화완 옹주는 홀로되자 남편 집안의 정후겸을 양아들로 입적하고 궁궐에 들어와 살게 되었다. 화 완옹주는 친오빠인 사도세자와 조카인 정조를 반대하는 노론파를 지 지하였으나, 우여곡절 끝에 정조가 즉위하였다. 정조 즉위 후 고모인 화완옹주는 평민으로 신분을 강등당하고 제주도, 강화도, 파주로 유 배를 가게 되고 양아들 정후겸은 사약을 먹고 극형에 처해졌다.

　소론파 대신들은 화완옹주도 극형에 처해야 한다고 주청했으나, 정조는 즉위 24년에 화완옹주를 용서하였다. 화완옹주는 60세가 넘

화완옹주와 정치달 묘. 파주시 문산읍 반구정로 46에 있다. 파주시 향토유적 제14호.

어서 석방되었고 그 후 몇 년을 더 살다가 생을 마친 것으로 보이는
데 정확한 사망 연도는 알 수 없는 것으로 전해진다. 이와 관련, 파주
시 향토 사학자 정헌호 선생은 화완옹주가 72세에 세상을 떠난 것으
로 보고 있다.

　화완옹주의 묘에 대해 『파주시지坡州市誌』에서 설명하고 있는 내용
은 다음과 같다.

　　　화완옹주와 정치달의 묘는 최근 이장하여 새롭게 단장했는데, 곡장으
　　　로 보호하고 있는 봉분 앞에 묘비, 상석, 향로석이 배치되어 있다.

　곡장曲墻이란 옹주와 같은 신분의 사람에게 국가가 예를 갖춰 장례

를 치르고 무덤 뒤의 주위에 쌓은 나지막한 담을 말한다. 화완옹주 묘 앞 안내판에는 묘비는 영조의 친필로 세워졌고, 장명등은 도난당 했다고 기록되어 있다.

19.
파주와 반란 : 역사의 물줄기를 바꾸다

1) 인조반정과 파주

조선 제15대 임금인 광해군을 몰아내고 인조반정을 성공시킨 서인세력은 파주 덕진산성에서 반정의 힘을 키우고 있었다. 명나라를 받들며, 청나라를 오랑캐로 여기는 친명배금의 서인세력은 광해군이 청나라와 중립외교를 펼치자, 명나라에 대한 의리를 저버리는 일이라 비판하며 반발하였다.

이귀, 김유 등 서인세력은 파주 장단부사 이서가 덕진산성을 관리하자 그곳에 군졸을 모아 훈련시키며 반정을 준비하다가, 1623년 3월 파주 장단부사 이서 등이 군졸을 이끌고 궁궐로 진입해 광해군을 몰아내고 인조를 제16대 새 임금으로 세웠다^{인조반정}.

한편, 월롱면 영태리에는 파주 장단부사였던 이서가 인조반정 당시 이곳에서 우물을 마시고 덕진산성을 거쳐 한양으로 쳐들어갔다

해서 전해져 오는 공신말, 공수물이라는 마을이 있다.

인조는 파주 장단부사 이서의 도움으로 반정에 성공하여 왕위에 오르게 되고, 생을 마치고는 다시 파주로 돌아와 장릉에 묻히게 되는 등 파주와는 묘한 인연이 있다.

2) 정중부의 난

고려 의종때 문신들의 사치, 오락, 부화 등 경박한 풍조에 대한 불만과 무신들이 제대로 대접받지 못하고 있다는 앙금을 품고 있던 무신들의 반란이 일어났던 곳이 장단군지금의 파주시 진서면 조산리 판문점 부근에 소재한 보현원이다.

1170년 8월 의종이 문신들을 데리고 보현원에 물놀이를 나갔는데 이때 왕을 호종하였던 대장군 정중부, 이의방, 이고 등이 반란을 일으켜 문신들을 모두 죽여 버리고 의종을 개성으로 데리고 들어가 중요 문신 50여 명을 처형하고, 의종을 귀양 보내고 명종을 명목상 임금으로 세웠다. 임금은 형식적인 권력이고 반란세력이 100여 년간 실권을 장악하는 무신정권을 수립했다.

IV ^{파주의 현대사}

파주를 느끼다

1.
한국전쟁과 실향민

    1950년 6월 25일 우리 민족 최대의 비극인 한국전쟁이 시작되었다. 파주는 포화 속에 가장 먼저 직격탄을 맞고 가장 늦게까지 전쟁의 상흔에 시달려야 했다. 북한군은 남침 3일 만에 서울을 점령했고 파주 전역은 인민군 치하에 들어갔다. 1950년 10월이 되어서야 파주지역은 미군이 탈환했고, 1951년 1·4 후퇴 이후 중국군의 점령과 국군의 탈환이 반복되다가 1951년 5월 국군 제1사단이 파주를 장악하면서 파주에서의 전투는 일단락되었다. 1953년 판문점에서 북한과 유엔군 측이 정전 협정을 맺으며 전쟁은 종결되었지만 그것은 분단의 고착화와 이산의 고통이 시작된 것일 뿐이었다.

    임진강 건너 장단 지역에서 피난 온 실향민들은 휴전이 되었어도 고향으로 돌아갈 수 없었다. 강 건너 지척 거리에 있는 고향을 두고 온 사람들은 흥남 철수작전 때 '메르디스 빅토리아호'를 타고 내려온 이북 출신들과는 전혀 다른 실향민이다. 장단 지역 실향민은 피난민이 아니라 소개민疏開, 공격이나 재난 등에 대비해 주민을 분산시킴이라고 주장한다. 전쟁이 일어나자 군인들이 파주에 가서 사흘만 지내면 다시 돌아올 수 있다고 해서 가재도구조차 챙길 틈도 없이 임진강을 건너왔다고 한다. 며칠이 몇 달이 되고 몇 달이 어느덧 60~70년이 되었다. 전쟁이 끝난 후에도 장단 지역 실향민들은 임진강 건너 고향 땅이 적을 접하고 있는 지역이라는 적접敵接지역, 혹은 적을 육안으로 볼 수 있는 지역이라는 적가시敵可視 지역으로 불려 돌아 갈 수 없었다. 장단 지역 실향민들은 고향 장단을 떠나, 파주 시내 몇몇 집단 수용소에서 힘겨운 삶을 이어가야 했다. 금촌 새말과 금릉리, 교하 상지석리와 야당리, 조리읍 장곡리 등지로 새로운 터전을 옮겨 삶을 꾸려나가게 되었다.

파주시 파평면 율곡리에 거주하는 김현국 씨는 한 언론에 연재한 '파주의 옛날이야기'라는 글에서 '비목'이라는 영화가 1977년 무렵 파주에서 촬영되었다고 했다. 영화 비목은 가곡 비목을 모티브로 해서 만든 영화인데, 한국전쟁 당시 임진강 건너에 살다 파평면 화석정 마을로 피난 나온 노인이 인민군과 싸우러 전쟁에 나가 생사를 알지 못하는 아들을 그리워 한다는 내용으로 영화의 실제 주인공이 파평면 두포리 사람이라고 한다.

파주 출신 농부작가 이재석 씨가 쓴 『임진강 기행』에는 장파리長坡里를 배경으로 하는 〈장마루촌 이발사〉라는 영화 이야기가 나온다. 1959년 만들어진 〈장마루촌 이발사〉는 한국전쟁 당시 젊은 남녀들이 벌이는 비극적 사랑을 통해 전쟁의 상처를 통렬하게 묘사한 멜로 영화라고 한다. 당시 높은 인기를 누렸던 파주 출신 배우 최무룡을

흥남철수작전과 메르디스 빅토리아호

한국전쟁 당시 중국군의 개입으로 북한 지역에 진격했던 UN군과 국군이 후퇴작전을 펼치는데, 중국군이 육로를 차단하고 있어, 북한 흥남 부두에서 1950년 12월 8일 수송선 '메르디스 빅토리아 호'를 이용해 바다를 통해 남한으로 철수 작전을 시작했다.

이때 북한지역에 있던 수많은 피난민들이 흥남철수 작전에 따라붙어, 배 안에 있던 군수 장비를 바다에 버리고 10만 명의 피난민을 태우고 남쪽 거제도에 무사히 도착했다. 당시 피난민 대열에 있던 문재인 대통령의 아버지와 어머니도 구출되었다고 한다. 메르디스 빅토리 호는 '단일 선박으로서 가장 큰 규모의 구조 작전을 수행한 배'로 기네스북에 등재되었다고 한다.

흥남철수작전 기념비와 빅토리아호 조형물. 거제도포로수용소 유적공원 내에 있다.

영화 〈장마루촌의 이발사〉 포스터.

비롯해 김지미, 조미령, 문정숙 등 톱스타들이 출연해 흥행 7위에 올랐다고 한다. '장마루촌의 이발사'는 10년 뒤 1969년 신성일, 남지미 등 배우가 새로 투입되어 리메이크 되었다고 한다.

2.
독개다리와 자유의 다리

    독개다리는 한국전쟁 이전에 경의선 철교로 사용하던 다리로, 한국전쟁 당시 폭파돼 교각만 남아 있다가 휴전이 되자 교각 위에 부교를 놓고 차량으로 포로들이 귀환한 다리이다.

    독개다리라는 이름은 임진강 북쪽 군내면 독개리에서 따온 것으로, 1998년 통일대교가 개통되기 전까지는 사실상 민통선 이북과 판문점을 출입하는 유일한 교량이었다. 이곳을 군부대 차량을 비롯하여 통일촌, 대성동 주민은 물론, 영농하는 농민들의 차량까지 모든 차량이 군부대의 통제를 받으면서 통행했다.

    통일로와 자유로의 접점인 8차선의 통일대교가 개통되면서 독개다리는 폐쇄되어 교각만 남긴 채 자유의 다리 옆에 방치되어 있었다. 송달용 전 시장은 폐쇄된 독개다리에 미니 관광열차를 운행해 임진각의 명물로 삼고자 하는 계획을 세웠으나, 2000년 남북정상회담에서 문산에서 개성까지 경의선 복원이 합의됨에 따라, 불발되었다고 한다. 2017년 3월부터는 경기도관광공사에서 독개다리 교각 5개 위를 리모델링해 '내일의 기적소리'라는 유료 인도교_{스카이 워크}로 운영하고 있다. '내일의 기적소리'라는 이름은 시인 고은 선생이 지은 것으로, 교각 곳곳에는 한국전쟁 당시의 총탄 자국이 생생하게 남아 있으며, 임진강 주변의 풍광을 다리 위에서 감상할 수 있는 운치가 있다.

'자유의 다리'는 독개다리 바로 옆에 있는 가교로, 휴전이 되자 포로들이 독개다리를 차량으로 건넌 뒤, 이 다리 앞에서 내려 걸어서 귀환했다고 하여 '자유의 다리'라고 불린다. 자유의 다리는 경기도 기념물 제162호로 지정되어 있다.

파주시청 간부인 이기상 선생은 독개다리와 현재 자유의 다리를 합쳐서 '자유의 다리'라 부르는 게 합당하다는 견해를 밝히고 있다.

3.
리비교

통일로와 자유로의 접점인 파주시 문산읍 사목리에 1998년 통일 대교가 개통되기 전까지 임진강을 건너가는 다리는 임진강 철교독개다리와 파주시 파평면 장파리에 있는 리비교가 유일했다. 임진강 이북으로 들어가면 민통선 지역이다. 파주에서는 임진강이 사실상 민통선 역할을 한다.

파주시청 간부인 이기상 선생의 조사에 의하면 리비교는 한국전쟁 당시 휴전협정이 진행되면서 임진강 북부 지역에 병력과 군수물자를 수송하기 위해 미군 제2공병여단이 투입되어 1953년 7월 4일에 준공했다고 한다.

'리비교'라는 이름은 한국전쟁 초기에 대전 전투에서 자신을 희생하며 부대원을 구한 조지 D. 리비George D. Libby라는 중사를 기리기 위해 지어졌다고 한다. 이 지역에서는 북한쪽으로 진입하는 유일한

다리이기 때문에 북진교라고 부른다.

　리비교는 육군 제25사단에서 관리하는 군작전 교량으로 군장비와 허가받은 출입 영농인들이 이용해왔으나, 교량 건설 63년째인 2016년 9월 20일 교량 안전진단 결과 D등급 판정을 받아 2016년 10월 15일자로 통행이 전면 금지되어, 민통선 출입 영농인들이 큰 불편을 겪게 되었다. 이에 파주시에서는 교량 보강을 통해 농업과 관광자원 등 복합용도로 사용하기 위해 교량 소유권 인수를 추진하고 있다.

　한편 임진강을 건너 민통선으로 출입하는 교량은 아니지만 리비교와 더불어 외국어 이름을 쓰는 '말레이시아교'가 파주시 조리읍 등원리에 있다. 통일로 등원리에서 금촌동 파주 스타디움 방향을 연결하는 말레이시아교는 1966년 말레이시아 정부의 대외 원조자금으로 건설했다 하여, 말레이시아교로 부르게 되었다.

4.
민통선 사람들

파주시 관할 민통선 내에는 민간인이 거주하는 3개의 마을이 있다. 가장 오래된 마을은 대성동 마을, 그 다음 오래된 마을은 통일촌 마을, 가장 최근에 조성된 마을이 해마루촌 마을이다. 그러나 같은 민통선 내에 있는 마을이라도 대성동 마을은 우리나라에서 유일하게 비무장지대 안에 있는 마을이다. 통일촌과 해마루촌은 민통선 내에 있지만 비무장지대 남쪽에 있다. 통일촌과 해마루촌은 영농 출입증이 있는 주민이거나, 영농 출입증이 없이 방문·관광 견학 등 목적으로 출입하려면 우리 군부대에 미리 통지(계통)해야 출입이 가능하다.

그러나 대성동 마을은 거주 주민이 아니면, UN의 허가를 받아야 출입할 수 있고, 차량은 오른쪽 창문에 UN 표식이 있는 손수건을 눈에 잘 띄게 걸어 놓고 운행해야 하며, 방문을 마치고 돌아갈 때는 UN에 손수건을 반납해야 한다.

민통선 입구 통일대교 앞에서.

　대성동 자유의 마을은 UN군 사령부의 통제 속에 실질적으로는 대한민국 정부의 통제권을 적용받고 있는 특수한 지역이다. 대성동 마을로 가는 길목에는 JSA 보니파스 경비대가 있다. 1976년 8월 18일 북한의 판문점 도끼 살인 사건 당시 살해된 미국 육군 보니파스 대위를 기리기 위해 그의 이름을 따서 붙였다고 한다. 대성동 마을 북동쪽 1km 지점에 판문점이 있고, 약 400여 미터 앞이 군사 분계선이 있다. 군사 분계선 너머로 인공기가 펄럭이는 북한 선전마을인 기정동이 육안으로 보일 정도로 북한 땅과 가깝다.

　송달용 전 파주시장의 회고록에 의하면, 대성동 마을은 1953년 정전회담 당시 판문점을 중심으로 반경 2km 안쪽에 있는 대성동 마을과 북한의 기정동 마을은 그대로 두기로 한 합의에 따라 원 상태가

세 개의 분단 선

군사분계선^{MDL : military demarcation line} 휴전선이라고도 하며, 양쪽 군대의 접촉선을 말한다.

DMZ ^{Demilitarized zone} 비무장지대란 한국전쟁 후 UN군과 북한이 합의하여 군대의 주둔이나 무기의 배치, 군사시설의 설치가 금지되는 지역을 말한다. DMZ 범위는 군사분계선^{MDL}로부터 양쪽 2km구간으로 현재의 남방한계선과 북방한계선 사이의 구역을 말한다.

민간인통제선^{민통선}은 DMZ^{비무장지대} 바깥 남방한계선을 경계로 남쪽 5~20km에 군사작전과 군사시설 보호를 목적으로 민간인의 출입을 금하는 구역을 말한다.

대성동초등학교에서.

유지될 수 있었다고 한다. 또 대성동 마을은 강릉 김 씨 집성촌이었으며, 일주일에 한 번 파주 봉일천에서 들어오는 미군 트럭을 이용해야 파주로 나올 수 있었다고 한다.

　대성동 마을은 국방의 의무와 납세의 의무를 면제받는 등 정부로부터 많은 혜택을 받는다. 대성동초등학교는 거주지와 학군에 관계없이 입학할 수 있고, 졸업하면 학군에 관계없이 파주, 서울, 제주 등지로 본인의 희망에 따라 자유로이 진학할 수 있는 전국구 학교이다.
　대성동초등학교는 1968년 정식 인가되어 한 학년이 5명 안팎으로 전교생이 30여 명에 불과한 미니 학교이지만, 현대식 건물과 첨단 교육자재를 갖추고 UN 군사정전위의 전폭적 지원을 받고 있다. 해

군내초등학교에서.

마다 졸업 시즌이 되면 방송에서 다루는 가장 주목받는 졸업식이 대
성동초등학교 졸업식이다. 대성동초등학교의 건물은 특이하게 건축
되었다. 북한 방향으로 있는 벽면은 육중한 방호벽으로 지어져 비상
사태에 대비하고 있다. 대성동 마을에 들어서면, 마을 어디에서나 보
이는 하늘 높이 솟은 웅장한 국기 게양대의 위용에 놀란다. 원래 게
양대는 85m였으나 1982년 15m 더 높여 현재 국기 게양대의 높이는
100m라고 한다. 그런데 대성동마을에서 육안으로 보이는 북녘땅 기
정동 마을도 인공기 게양대가 있는데, 원래 80m였던 것을 165m 높
이로 새로 만들어 세웠다고 한다. 마을 가운데에 있는 팔각형 모양의
정각 위에서는 북한 주민들이 농사일하는 모습과 병사들의 모습을
육안으로 볼 수 있다. 대성동 마을은 자유의 마을로 불리지만, 외부

에서 들어온 방문객들은 군사시설이 많아 우리 군의 보호와 안내에 따라 이동하여야 하며, 사진 촬영도 통제받는 등 자유롭지 못하다.

　대성동 마을에서 나와 UN군 검문소에 손수건을 반납하고 다시 통일대교 방향으로 내려오면 오른쪽에 통일촌이 나온다. 통일촌은 1973년 제대 군인과 예비군 자격을 가진 원주민 40세대 등 총 80세대가 입주하여 정착하게 되었다고 한다. 이때 100만 평의 장단콩 단지를 조성했다고 송달용 전 시장의 회고록에는 기록하고 있다. 통일촌에는 민통선 지역의 행정을 관할하는 파주시 장단 출장소와 군내초등학교가 있다. 군내초등학교는 1911년 개교한 100년이 넘는 학교로서 전교생이 약 45명 정도로 대성동초등학교 보다 조금 큰 소규모학교이다. 군내초등학교에는 임영아 선생님이 있는데, 임 선생님은 이곳에서 나서 군내초등학교를 졸업하고 성장하여 외지에서 공부를 한 후, 다시 고향으로 돌아와 모교에서 열정적으로 아이를 가르치고 있다.

　해마루촌은 진동면 동파리東坡里에 있는데, 한국전쟁 이후 민간인이 살 수 없는 지역이 되었다가 1973년부터 출입영농을 허가하기 시작했다. 그러다가 실향민들이 출입영농이 아니라 고향에 가서 살게 해달라는 탄원을 넣어 국방부는 엄격한 심사를 거쳐, 2001년부터 2004년까지 60가구의 입주가 완료되어 정착하게 되었다. 당초 동파리 해마루촌 부지는 경기도가 2001년 개최될 세계 해비타트Habitat 대회 유치를 위해 1999년 이 지역을 매입해 놓은 것이 계기가 되었다고 한다. 송달용 전 파주시장 회고록에 따르면, 당시 지미카터 전 미국 대통령까지 참석한 해비타트 대회는 동파리에서 개최되지 못하고 통일촌 인접한 곳에 8세대만 지어 약식으로 했는데, 그 이유는 7천 명을 수용할 숙소 문제와 함께 동파리 지역의 지뢰 등 안전 문제 때문이라고 한다.

『파주시지坡州市誌』에 의하면 원래 입주 예정지 가운데 하나였던 진동면 용산리 일대가 미군에게 공여되어 한국 정부의 권한 밖에 있어, 정부 당국과 몇 차례 우여곡절을 거친 끝에 정착촌 부지가 현재의 동파리로 결정되었다고 한다. 파주시에 거주하는 재야 생태학자 노영대 선생의 전언에 의하면 마을은 처음에는 동파리 수복마을로 불리다가 '동파리'라는 어감이 좋지 않다는 여론에 따라 동파리 지명을 순 한글로 풀어쓴 '해마루촌'이라 부르게 되었다.

민통선 이북 장단 지역에는 임금께 진상하던 '장단삼백長湍三白'이 유명한데, 장단에서 생산되는 세 가지 농산물 즉 질 좋은 인삼과 콩, 쌀을 말한다. 장단에서 재배하는 인삼은 일교차가 크고 토질이 좋아 타 지역에서 키운 인삼에 견주어 맛과 향은 물론 항암 효과가 뛰어나 명품으로 꼽힌다. 예로부터 우리나라와 중국에서는 최고의 인삼으로 개성인삼이 유명한데, 개성상인들이 수집하여 판매하던 개성인삼의 주산지가 바로 파주 장단 지역이었다고 해서 지금은 '파주인삼이 개성인삼이다.'라고 한다.

장단콩은 장단태太, 클 태 자는 서리태, 서목태, 청태와 같이 콩을 표현할 때도 사용한다라고도 하는데 옛날 장단군 지역에서 생산되던 콩으로, 지금은 파주시 장단반도에서 생산되는 콩을 말한다. 콩의 원산지는 한반도와 만주라고 하는데, 그중 장단콩이 가장 유명하다. 장단 지역은 토지가 마사토로 되어 있어 배수가 잘되고 기상이 알맞아 콩이 생육할 수 있는 최적의 조건을 모두 갖추고 있다고 한다. 장단콩은 한국전쟁 이후 장단 지역에 민간인이 출입할 수 없어 명맥이 끊겼다가, 1973년도에 통일촌이 조성되면서 100만 평의 장단콩 단지에 재배되기 시작했다고 한다.

파주의 대표 축제 중 하나인 파주장단콩축제는 매년 11월 말경에 열린다. 사진은 2016년 제20회 파주장단콩축제 길놀이 장면, 오른쪽 위는 파주인삼, 오른쪽 아래는 임진강쌀.

파주시 발간한 『파주시 생태도감』에 의하면, 장단콩은 우리나라에서 가장 품질이 좋은 콩으로 눈이 희며, 윤기가 자르르 흐른다 하여 장단백목으로 불린다. 현재 국내에서 재배되고 있는 약 50여 종의 콩 품종들은 장단백목의 혈통을 가지고 있으며, 중요한 국가 곡물 유전자원으로 보존되고 있다고 한다.

　　파주시에서 2016년 발간한 『어머니의 품, 파주』라는 책의 망향우체통 편에 보면, '장단콩'이라는 이름은 통일촌 마을 이장을 거쳐 파주시의원과 파주 문화원장을 역임하고 통일촌 마을 박물관장을 맡고 있는 민태승 선생이 지었다고 한다.

　　임진강쌀은 임진강과 한강이 합류하는 비옥하고 너른 들판과 깨끗하고 맑은 청정 지역에서 생산되는 최고 품질의 경기미 주산지가 파주이기 때문에 붙여진 이름이다. 임진강쌀은 영양이 풍부하고 밥맛이 좋아 예로부터 임금님 수라상에 올랐던 대표적 진상품이다.

5.
인계철선과 기지촌

1953년 7월 한국전쟁이 종결되고 정전협정이 맺어진 이후, 북한군의 주요 예상 남침로인 한강 이북 중서부 전선에 주한미군이 집중 배치되었다. 한반도에 위기상황이 재발할 경우 미군의 자동개입을 보장할 수 있다는 의미로 파주 등 서부 전선에 배치된 주한미군을 인계철선이라 불렀다. 인계철선 개념은 북한의 남침 등 한반도 전쟁상황이 재발할 경우 서부 전선에 배치된 미군 제2사단 역시 공격을 받게 되므로 미국이 자동적으로 개입할 수밖에 없다는 군사 작전개념이다.

원래 인계철선引繼鐵線이란 클레이모어, 부비트랩 등 폭발물과 연결되어 건드리면 자동으로 폭발하는 가느다란 철선을 뜻하는 말이다.

정부는 국토의 균형발전과 주한미군의 안정적인 주둔 여건을 보장하기 위해 용산기지와 경기 북부의 미군 제2사단 등 미군 기지를 평택시로 이전하기로 합의함에 따라, 인계철선이라는 개념은 폐기되었다.

　원래 용산기지 이전사업은 1987년 말 노태우 대통령이 공약으로 내세우면서 표면화되었다. 그 이후 용산기지 이전 사업은 표류하다가 2003년 노무현 대통령 때 열린 한미 정상회담에서 합의가 이루어졌고, 그 다음 해에는 별도로 추진하던 미군 제2사단 재배치 계획도 용산기지 이전과 통합했다. 용산기지 외에 파주 등 도시 지역에 위치한 미군 기지들도 도시 발전을 저해하는 요인이 됨에 따라 이전할 필요가 있었고, 주한미군도 전략적 유연성이라는 군사적 목표 달성을 위해 재배치하게 된 것이다. 이에 따라 2004년 12월 국회에서 미군기지 평택 이전협정 비준안이 가결되고, 2007년부터 평택시 팽성읍 대추리에 평택기지 이전을 위한 공사가 시작되었다.

　파주 지역에 주둔했던 주한미군 기지는 캠프 그리비스군내면 백연리, 캠프 에드워드월롱면 영태리, 캠프 하우즈조리읍 봉일천, 캠프 스탠턴광탄면 신산리, 캠프 게리오웬문산읍 선유리, 캠프 자이언트문산읍 선유리 등 6개 기지가 있었다. 주한 미군이 주둔할 당시에는 미군부대에서 용역을 제공하면서 수입을 얻던 사람들과 미군을 상대로 생계를 유지하던 많

클레이 모어Claymore
적의 침투가 예상되는 지역에 설치해, 가느다란 철선을 건드리면 폭발하는 지뢰. 폭발로 인한 후폭풍이 거세며, 병사들 사이에서는 크레모아라고 부른다.

부비 트랩booby trap
사람이 건드리기 쉬운 기구나 장소에 폭발물을 철사와 같은 것으로 연결해 놓은 것을 말한다.

은 사람들이 있었다. 물자가 귀하던 시절 PX 마을에는 미군 물자가 넘쳐났고, 기지촌에는 미군 전용 클럽과 유흥업소들이 번창했으며, 외지에서 들어온 젊은 여성 종업원들로 북적였다.

파주시에서 발간한 『어머니의 품, 파주』의 '상처 위에 피는 꽃' 편에 보면 1960년대 미군 클럽이 즐비했던 파주읍 연풍리에는 파주에서 제일 먼저 전기가 공급됐다고 한다. 연풍리와 파평면 장파리 등지에 있던 미군 클럽에서 무명가수였던 조용필, 김태화, 윤항기 등도 노래와 연주를 하며 한국 팝과 록 음악의 새로운 지평을 열었다고 한다. 가설극장도 귀했던 시절 연풍리에는 문화극장, 법원리에는 해동극장, 파평면 장파리에는 장마루극장, 문산에는 문산극장이 들어섰다고 한다. 지금은 모두 문을 닫았고 자취만 남아 있는데 장마루극장 자리에는 방앗간이 생겼다. 그 시절에는 상영 중인 영화 간판을 지금처럼 컴퓨터 출력하지 않고 손으로 일일이 그려야 했다. 위안부들은 자기 몸을 희생해 달러를 벌어 고향집에 보내 동생들 가르치고, 포악한 미군에게 맞기도 하고, 불량배들에게 갈취당하기도 하는 등 눈물겨운 고통을 겪었다고 한다. 60년대에는 파주시 기지촌 전역에 걸쳐 3~4천 명의 위안부들이 개미처럼 일하다 거미처럼 사라져 갔다고 한다. 이러한 위안부의 굴곡진 삶을 정면으로 다룬 다큐영화가 〈거미의 땅〉이라고 한다. 이와 관련 2017년 7월 국회에서는 주한미군 기지촌에서 성매매와 가혹행위를 당한 사람의 인권 피해 진상을 규명하고 미군 위안부와 그 유족에 대한 명예 회복과 함께 생계를 지원하는 내용의 법률안이 제출됐다.

주한 미군 기지는 가난했던 시절 가족의 생계를 책임지는 일자리를 창출했고, 지역 경제도 활기를 뛰게 한 반면에 민간인이 미군에 의해 희생당하고, 기지촌 퇴폐문화를 조장하고, 도시 발전을 저해하는 요인이 되는 영욕의 공간이었다. 파주시 파평면 율곡리에 거주하는 김현국 선생이 한 언론에 연재한 '파주의 옛날이야기' 칼럼에 의하면 1960년대에 미군부대 근처에서 먹을 것이나 돈 될 만한 것을 얻으려고 서성거리는 사람들이 많았는데 미군이 총격을 가해 피살되거나 부상을 당하는 사상자가 많이 발생해 사회적으로 큰 이슈가 되었다고 한다. 당시 파주 경찰서장이 미군을 향해 "보초 수칙이나 발포 지시에는 사람을 쏘아 죽이라는 명령은 없다."면서 분노하였다고 한다. 주민들 중에는 생존을 위해 미군부대 총알과 기름이나 레이더부품을 몰래 빼내서 팔기도 했다고 한다. 심지어 파평면 두포리에서는 훈련 중 산꼭대기에서 고장 나 세워둔 미군 탱크를 산소 절단기를 이용 17조각으로 분해해서 가져가다 잡힌 전설적인 사건도 발생했다고 한다. 이런 사건들로 인해 미군들도 스트레스에 시달려, 이유 없이 주민들을 폭행하거나 술 마시고 행패부리는 일이 잦았다고 한다.

그런데 파주에 있던 미군 제2사단이 1971년 동두천으로 이전한 이후, 나머지 기지에 있던 주한미군은 2007년 모두 평택시로 떠나고 주둔지는 반환되었다. 영욕의 세월을 남긴 채 미군이 떠난 후 반환 공여지供與地, 미군에게 제공되었던 부지 주변은 새로운 도전에 직면했다. 기회의 땅으로 떠오르기도 했지만, 기지촌은 쇠락했고, 지역 경제도 침체됐다. 민통선 내 유일한 미군 반환 공여지인 캠프 그리브스는 경기도 관광공사가 리모델링해 2013년부터 유스호스텔로 운영 중이다. 봉일천 캠프 하우즈는 2002년 미선이 효순이 사망사건을 일으킨 장갑차 부대로 유명한데, 미군이 떠난 후 체육, 문화·예술 등 공원 조성과 대규모 공동주택 건설 등 도시개발 사업을 진행 중이다. 이곳에는 해외 입양인의 정체성을 회복시켜 주기 위한 '엄마품Mother's Arms 동산'을 조성할 계획이다. 캠프 에드워드에는 한때 이화여자대학교 캠퍼스 유치를 추진했으나 끝내 무산되고, 최근 한국 폴리텍대학이 유치되어 경기북부 산업인력 육성 허브로 발돋움하기 위한 기대에 부풀어 있다. 파주읍 연풍리 기지촌은 창조문화밸리 프로젝트 도시재생사업을 추진하고 있다. 기지촌 주변 쇠락한 상가는 박물관이나 문화예술인 작업실로 탈바꿈하고, 60〜70년대 추억의 거리로 재현하고 있다. 문화극장 자리도 정비해 주민 커뮤니티센터로 활용할 계획이라고 한다.

그러나 반환 공여지 부지를 매입하기 위해서는 막대한 예산이 필요한데, 지방자치단체의 열악한 재정능력과 민간주도 개발사업은 한계에 부닥쳐, 10년째 방치된 채 폐허화되어 가고 있는 곳도 있다. 2006년 제정된 '주한미군 공여구역 주변지역 등 지원특별법공여지 특별법'은 반환 공여지를 공원이나 도로, 하천으로 조성할 때만 국가에서 지원하기 때문에 그 외의 사업을 하기 위해서는 지자체나 민간업체에서 비싼 돈을 주고 부지를 매입해야 한다. 반환 공여지의 기름과 중금속 오염 치유도 지자체 몫이다. 캠프 자이언트는 한국전쟁 전 문산제일고가 있던 곳으로, 서강대 캠퍼스 유치가 추진되다 무산됐다. 특히 국방부와 경기도교육청이 환경오염 정화 주체를 놓고 소송을 벌여, 건물 철거는 경기도교육청이 환경오염 정화는 국방부가 하라는 판결을 받았다. 광탄면 캠프 스탠턴은 국민대 캠퍼스 유치가 추진되다 사업이 무산된 뒤 민간업체를 찾지 못해 공터로 흉물스럽게 방치되어 있다. 가장 먼저 반환된 문산읍 선유리 캠프 게리오웬은 20〜30년째 담보 상태를 면치 못하고 있어 최근 선유 산업단지와 연계개발할 수 있도록 용도를 변경했다. 문재인 정부 출범 이후 주한미군 반환 공여지를 국가 주도로 개발하기 위한 새로운 접근 방식이 도입되고 있어, 앞으로 이들 지역의 변모에 귀추가 주목된다.

6.
적군 묘지

    적성면 답곡리에는 적군 묘지가 있다. 한국전쟁 당시 전사한 북한
군과 중국군 유해와 한국전쟁 이후 수습된 북한군 유해를 안장한 묘
지이다. 제네바 협약과 인도주의 정신에 따라 그동안 전국에 흩어져
있던 적군 유해를 한 곳에 1996년 6월에 적군 묘지를 조성한 것이다.
제네바 협약 제120조에는 "자기 측 지역에서 발견된 적군 시체에 대
해 인도 · 인수에 대한 조치를 취한다."는 내용이 있지만, 총부리를
겨누었던 유해를 안장한 적군 묘지는 세계에서 이곳이 유일하다. 적
군 묘지는 북한군 묘역이 있는 1묘역, 북한군과 중국군이 같이 있는
2묘역으로 조성됐다. 1,2묘역 합쳐서 한국전쟁 당시 전사한 북한군
과 1 · 21 김신조 사태 등으로 사살된 간첩, 중국군 유해 등 1,080구
가 안장되었다.

    그런데 중국군 유해는 2013년 6월 당시 박근혜 대통령이 중국을

방문해, 중국으로 송환하겠다고 제안해서 2014년 3월 중국군 유해 437구를 송환했다. 현재 적군묘지에는 중국군 유해는 없지만 전사 장소, 본국송환 날짜가 새겨진 묘비만 빈 무덤을 대신하고 있다. 유해는 없지만 빈 무덤에 묘비를 새겨 놓은 이유는 아마도 중국 관광객을 배려인 것으로 보인다. 적군 묘지 묘는 남향으로 묘를 조성하는 일반 묘와는 달리 모두 북녘 땅을 향하고 있다. 비록 사상과 이념은 다르고, 서로 목숨을 걸고 방아쇠를 당기던 사이지만 죽어서나마 고향 땅을 가까이서 바라보도록 배려하기 위해 북향으로 묻었다고 한다.

구상 시인이 쓴 〈적군 묘지 앞에서〉라는 시는 1956년 『자유 문학』에 발표된 것으로 쓸쓸히 묻혀 있는 어느 적군 병사의 무덤 앞에서 지은 것이다. 파주시 적성면 적군 묘지는 전국에 흩어져 있던 적군 유해를 1996년 한 곳에 모아 안장한 것으로 다른 장소이다. 구상 시인이 바라본 적군 병사의 무덤에서 느끼는 처연함과는 다르다. 구상 시인은 홀연히 버려진 어느 적군 병사의 무덤 앞에서 느끼는 처연함을 전쟁과 분단의 현실에서 오는 우리 민족 전체의 아픔으로 승화하고 있다.

적군 묘지 앞에서

구상

오호, 여기 줄지어 누워 있는 넋들은
눈도 감지 못하였겠구나.
어제까지 너희의 목숨을 거눠

방아쇠를 당기던 우리의 그 손으로
썩어 문들어진 살덩이와 뼈를 추려
그래도 양지바른 두메를 골라
고이 파묻어 떼마저 입혔거니,

죽음은 이렇듯 미움보다도, 사랑보다도
더 너그러운 것이로다.

이곳서 나와 너희의 넋들이
돌아가야 할 고향 땅은 삼십 리면
가로막히고, 무주공산의 적막만이
천만 근 나의 가슴을 억누르는데,

살아서는 너희가 나와
미움으로 맺혔건만,
이제는 오히려 너희의
풀지 못한 원한이
나의 바람 속에 깃들여 있도다.

손에 닿을 듯한 봄 하늘에
구름은 무심히도
북北으로 흘러가고,

어디서 울려오는 포성 몇 발,

적근묘지를 둘러보는 필자.

나는 그만 이 은원(恩怨)의 무덤 앞에

묵 놓아 버린다.

파주를 빛내다

1.
독립 운동가 정태진

　파주가 낳은 한글학자이자 독립 운동가인 정태진은 1903년 파주시 금능동에서 태어났다. 지금의 금촌동 중앙도서관 옆 옛 생가터에는 정태진 기념관이 설립되어 있고, 파주시 향토유적 제15호로 지정된 그의 묘소는 광탄면 영장리 소령원 건너 산중턱에 자리 잡고 있다. 원래 정태진의 묘는 금촌의 금능동에 있었으나, 금촌 택지 조성 공사로 영장리로 이장했다고 한다.

　정태진은 연희전문학교에서 문학을 전공하고 함흥에 있는 영생여자고등보통학교 교사로 근무하다가, 1927년 미국으로 유학을 다녀왔다. 귀국 후 1931년 영생여고보에 복직하여 11년간 조선어와 영어교사로 근무했다. 당시 일제는 일본어 교육을 강요하고 조선어 사용을 금지하는 '조선교육령'을 반포해 우리 민족 말살정책을 펴고 있었다.

독립운동가이자 한글학자인 정태진.

영생여고보를 떠난 이듬해인 1942년 당시 영생여고보 재학생의
일기장에서 정태진이 한글 교육을 시켰던 내용이 드러난 것이 발단
이 되어 조선어학회 사건에 연루되어 2년간 옥고를 겪었다. 광복 후
에는 조선말 큰사전 편찬을 하는 한편 연세대 등에서 국어학 강의를
했다. 정태진은 한국전쟁 중인 1952년 11월 고향 파주에 식량을 구
하러 가다가 타고 있던 군용트럭이 전복되는 교통사고로 50세를 일
기로 생을 마감했다.

정태진은 〈말과 글을 피로써 지키자〉는 글에서 다음과 같이 우리
말과 글의 중요성을 강조했다고 한다.

말과 글은 한 민족의 피요, 생명이요, 혼이다. 우리는 지나간 마흔 해
동안 저 잔인무도한 왜적이 우리의 귀중한 말과 글을 이 땅덩이 위에
서 흔적까지 없애기 위하여 온갖 독살을 부려온 것을 생각만 하여도

치가 떨리고 몸서리가 쳐진다. (중략) 이 땅의 모든 애국자는 나 함께 일어나 우리의 말 우리의 글을 피로써 지키자.

정태진기념관은 파주 중앙도서관 옆 옛 생가터에 있다. 파주시 쇠재로 33.

2.
민주화운동의 선구자 장준하

독립 운동가에서 사상가, 반독재 민주화운동 선구자, 정치가로 이름을 떨쳤던 장준하 선생은 1918년 평안북도 의주군에서 출생했다. 원래 묘소는 파주시 광탄면 나사렛 천주교 공동묘지에 있었으나, 2011년 여름 폭우로 묘소 뒤편 옹벽이 무너졌는데, 유족들이 옹벽 보수공사 비용이 너무 많이 들어 묘소 이장을 논의하게 되었다. 이 과정에서 대전 국립현충원으로 이전을 고려하던 중, 파주시로부터 대체 묘지부지 조성 제안을 받고, 2012년 8월 17일 파주시가 추모공원으로 조성한 파주시 탄현면 오두산 통일전망대 아래 통일공원으로 옮겼다.

장준하 선생은 일제 강점기 시절 일본에서 수학하던 중 1944년 일본군 학도병에 강제 징집되어 중국 전선에 배속되었으나, 6개월 만에 탈출하여 고려대 총장을 지낸 청년 김준엽의 도움으로 광복군에

입대했다. 이후 1945년 대한민국 임시정부에 합류하고, 특히 국내의 후방에 침투할 목적으로 조직된 국내 정진군에 자원해 수송기를 타고 작전에 투입되었으나, 일본 항복 소식을 듣고 귀환했다. 학도병 탈출 과정과 광복군을 찾아가는 고난의 행군을 기록한 육필원고 책이 그 유명한 '돌베개'이다.

장준하 선생은 광복 후 대한민국 임시정부 주석 김구의 비서로, 1945년 12월 김구와 함께 조국에 돌아왔다. 1953년 피난지에서 잡지 사상계를 창간해, 우리나라 사상과 지성사에 큰 획을 그었다. 박정희 군사독재에 항거하여 10여 차례 투옥되었고, 1967년 국회의원 선거에 옥중 출마해 제7대 국회의원에 당선되었다. 1974년 긴급조치 제1호 위반으로 징역 15년형을 선고받았으나 형 집행정지로 가석방되었다.

그러나 장준하 선생은 1975년 8월 17일 경기도 포천군에 있는 약사봉에서 등산에 나섰다가 의문의 죽음을 당했다. 이후 사망 경위에 대해 논란이 분분했다. 2002년 의문사진상규명위원회에서 사망 경위를 조사했으나, 변사 사건기록 폐기, 수사 관련 경찰관들의 사망, 국가정보원 자료의 미확보 등으로 2004년 장준하 선생의 사망이 공권력의 직·간접적 행사에 의한 것인지 확인이 불가능하다는 결론이 내려졌다. 그러나 2012년 8월 묘소를 광탄면에서 탄현면으로 이장하는 과정에서 두개골 함몰 흔적이 발견되어 의문사 의혹을 증폭시켰다.

이와 관련 장준하 선생의 의문사를 집중 추적조사한 인권 운동가인 고상만 선생이 장준하 선생 40주기 추모 평전을 쓴『중정이 기록한 장준하』라는 책에 보면, 이장하는 과정에서 두개골 함몰 흔적이

장준하 선생.

발견되는 상황이 생생하게 기록되어 있는데 요약하면 다음과 같다.

2011년 8월 어느 날 장준하가 묻힌 파주 광탄면 천주교 나자렛 묘지 일대에 엄청난 폭우가 쏟아졌다. 그런데 다른 석축은 멀쩡했으나 장준하가 안장된 바로 위 석축만 부너졌다. 이에 장준하의 유족들이 석축을 다시 쌓기 위해 공사비용을 알아 보니 2000만 원이 넘게 든다는 말에 공사를 포기할 수밖에 없었다. 대신 광복군 출신이자 평생의 벗이었던 김준엽 전 고대 총장이 2011년 6월 대전 국립묘지에 안장되었으니 장준하 역시 대전 국립묘지로 이장하자는 의견이 있었다. 그때 파주시장이 "장준하 선생님이 오랫동안 파주에 계셨으니 계속 계시면 파주시 소유의 땅에 장준하 공원을 조성하여 모시겠다."는 제안을 했

장준하 추도식에서 문재인 대통령이 보낸 조화 앞에 선 필자.

고, 유족은 수용했다. 2012년 8월 17일 37주기 기일을 앞두고 새로운
묘소로 이장하기 위해 2011년 8월 1일 광탄면 묘소를 파고 관 뚜껑을
연 순간 37년 만에 나타난 장준하의 두개골에 마치 동그란 해머에 맞
아 그대로 뚫린 것처럼 손상이 나타났다.

이를 본 고상만 선생은 과거 의문사진상조사위 의문사위에서 근무
할 당시 장준하 의문사를 조사하다가 더 이상 진전시키지 못했던 퍼
즐을 맞추기 시작했다. 장준하가 사망한 후 그의 시신을 직접 검안
한 의사 조철구의 검안 소견에 장준하의 두개골에 직경 5〜6cm가량
의 함몰 자국이 보인다는 기록이 있었다. 당시 의문사진상조사위원
회 고상만 조사관은 조철구의 검안 소견이 사실인지 직접 확인할 필

요가 있다고 생각했다. 그래서 2004년 의문사진상조사위원회는 유
족에게 장준하의 묘를 열어 법의학적 감정을 해 보자는 공식 제안을
했지만 성사되지 못했다. 이에 대해 고상만 선생은 그 당시를 이렇게
회고한다.

> 결국 죽은 장준하가 37년 만에 온몸으로 진실을 알려낸 것이다. 나는
> 장준하가 스스로 자신의 묘 뒤편 석축을 무너뜨려 사람들이 묘를 열
> 어보지 않을 수 없도록 한 것이라고 해석했다.

　2013년 3월 장준하 선생 유해 정밀감식 결과를 발표한 서울대 법
의학자 이정빈 교수는 "두개골 함몰은 추락에 의한 골절이 아니라 외
부 가격에 의한 손상"이라고 밝혔다. 또 이정빈 교수는 "어깨뼈가 어
느 쪽도 골절되지 않은 채 추락 사망하는 것은 불가능하다"며 "이는
추락사가 아니라는 결정적 증거"라고 했다. 장준하 선생은 제3의 장
소에서 살해당하고 시신이 옮겨온 것으로 결론 내렸다. 2017년 현재
국회에는 장준하 선생의 의문사 사건에 대한 진상 규명 등을 내용으
로 하는 '장준하 특별법'과거사청산특별법이 발의돼 있는 상태이다.
　그동안 장준하 선생 추모는 장준하 선생 기념사업회와 선생의 정
신을 계승하고자 하는 파주 지역의 뜻있는 사람들 중심으로 매년 현
충일과 기일에 두 차례 진행되었다. 특히 파주시 문산읍에 거주하는
안명남씨는 사상계를 본인의 호로 사용할 정도로 장준하 선생을 존
경하는 민주화운동 동지이다. 문재인 대통령이 취임한 이후 2017년
현충일에는 현직 대통령으로는 처음으로 대통령 근조화가 장준하 선
생 묘소에 보내졌고, 2017년 8월 17일 42주기 추모식에는 이낙연 국

무총리의 근조화가 바쳐졌을 뿐만 아니라, 현직 대통령의 추모사가 처음으로 영전에 바쳐져, 피우진 국가보훈처 장관이 직접 참석하여 대독하는 등 추모식을 정부 의전으로 예우하였다.

3.

「메밀꽃 필 무렵」의 작가, 이효석

근대 소설 「메밀꽃 필 무렵」의 작가 이효석은 1907년 강원도 평창에서 태어났다. 1942년 36세의 나이로 요절해 고향 평창에 묻혔다. 그런데 그의 묘소는 지금 파주시 탄현면 헤이리 마을 지나 있는 동화경모공원에 있다.

송달용 전시장의 회고록에 따르면, 1998년 8월 이효석의 딸이 평창군에 잠들어 있는 아버지 이장 문제로 파주를 찾아 왔다고 한다. 이효석의 묘소는 1차로 영동고속도로 건설 당시 도로 부지에 저촉되어 평창군 용평면 장형리로 이장되었는데, 그 후 2차로 영동고속도로 확장이 시작되면서 또다시 이장을 해야만 하는 상황이 되었다고 한다. 유족의 입장에서 볼 때 평창군에서는 이효석 문화 축제는 하면서 이효석의 묘가 두 번이나 이장을 할 위기에 처해 있는데도 너무 무성의 하고 관심을 보이지 않아 서운했던 마음이 강해 타지로 이장을 고

「메밀꽃 필 무렵」의 작가, 이효석. 강원도 평창인 고향인 그의 묘소는 동화경모공원에 있다.

려하게 되었다고 한다.

그래서 파주시에서는 유족들에게 파주시 거주자나 이북5도민의 공원묘지인 동화경모공원을 이장 부지로 추천했다고 한다. 이효석 부친의 고향이 함흥이고 이효석은 평양대동공업전문학교에서 교편을 잡은 사실이 있어, 이북 실향민들으로 동화경모공원에 안장될 수 있었기 때문이다.

이러한 내용이 언론에 보도되자, 평창군에서는 깜짝 놀라 묘지를 옮기지 못하도록 갖은 수단을 펼쳤고 예정된 묘지 이장 날짜에 이장을 못했다고 한다. 유족은 며칠 후 한밤중에 야반도주하는 식으로 이효석 유해를 동화경모공원으로 모셔 왔다고 한다. 이효석의 묘소는 동화경모공원 함남 C6 구역 2열에 그의 부인과 함께 합장되어 묻혀 있다고 한다. 지금 평창군의 이효석 문학 축제에는 이효석 작가를 잃은 채, 메밀꽃 문학 축제를 하고 있는 것이다. 지역의 자랑스런 인물이자 문화적 자산을 소홀히 관리한 지방자치단체가 짊어진 업보로서 전국의 모든 지자체가 반면교사로 삼을 만한 일임에 분명하다.

이효석 묘는 동화경모공원(파주시 탄현면 헤이리로 98) C6구역 2열에 있다.

4.
길 위의 목사, 박형규

박형규 목사는 서울 제일교회 담임목사, 한국기독교교회협의회 KNCC 인권위원장, 한국기독교장로회 총회 총회장, 민주화운동기념 사업회 초대 이사장을 지내는 등 빈민선교와 인권운동, 민주화운동 에 평생을 헌신해 '길 위의 목사'로 불렸다. 박형규 목사는 1923년 경 상남도 마산에서 태어나, 2016년 8월 18일 93세를 일기로 타계해 파 주시 탄현면 축현리 기독교 공원묘지에 안장되었다.

박형규 목사는 어머니의 영향으로 어려서부터 기독교학교에 다녔 다. 1959년 서울 공덕교회 부목사로 목회활동을 시작한 후 평범한 목회자였던 박형규 목사는 1960년 4·19 혁명을 통해 인생 항로가 바뀌었다. 당시 경무대지금의 청와대 근처에서 결혼식 주례를 마치고 나 오던 박형규 목사는 총에 맞아 쓰러진 학생들을 목격하고 충격에 빠 졌다. 박 목사는 회고록 『나의 믿음은 길 위에 있다』에서 "십자가에

길 위의 목사, 박형규.

서 피를 흘린 예수나 저 학생들이나 뭐가 다르단 말인가"라고 당시를
회고했다.

　1974년 민청학년 사건 배후자로 구속되어 15년형을 선고받았고,
1987년 '박종철 고문살인 은폐조작 규탄 및 호헌 철폐 범국민대회'를
주관한 혐의로 구속되는 등 반독재 민주화운동으로 수차례 투옥되었
다. 민청학련 사건으로 15년형을 선고받았던 박형규 목사는 38여 년
만인 2012년 9월 6일 재심 공판에서 검찰로부터 무죄 구형을 받는
세기의 재판을 받기도 했다. 당시 무죄 구형을 한 검사는 도가니 검
사로 유명한 임은정 검사로 법조계에 신선한 충격을 주었다. 당시 임
은정 검사 직속상관 검사는 박형규 목사가 무죄임을 알았음에도 선
배 검찰들의 잘못과 허물을 인정하기 싫어서 판사에게 형량을 일임

박형규 목사 1주기 추모식에서, 유인태 전 의원, 이철 전 의원과 함께.

하는 '백지구형'을 지시한 것으로 알려졌다. 임은정 검사는 상명하복이 철저한 검찰 조직에서 이례적으로 상관의 지시를 어기면서까지 무죄를 구형했다가 징계 처분을 받아야 했다. 임은정 검사는 재판 이후 "그분의 가슴에 날인했던 주홍글씨를 뒤늦게나마 법의 이름으로 지울 수 있게 됐다."며 사과한 것으로 알려졌다.

한편, 소천 1주기인 2017년 8월 18일은 유족들과 교인 그리고 이미경 전 국회의원을 비롯한 민주화 운동 동지, 박형규 목사 기념사업회 등 많은 추모객이 참석하여 추모 예배를 가졌다. 특히 민청학련 사건으로 사형을 구형받은 두 명의 사형수 유인태 전 국회의원과 이철 전 국회의원도 나란히 참석해 고인의 뜻을 기렸다.

5.
나의 친구, 김기설

　노태우 정부 말기인 1991년 5월 8일 서울 서강대학교 본관 옥상에서 당시 26세의 나이로 "폭력살인 만행 노태우 정권 타도하자!"고 외치며, 유서 한 장을 남긴 채 몸에 불을 붙인 후 투신하여 생을 마감한 김기설 열사는 1965년 11월 파주시 광탄면에서 태어났다. 김기설 열사 분신사건은 사실 한국판 드레퓌스 사건으로 불리는 '강기훈 유서 대필사건'으로 더 잘 알려져 있다.

　김기설 열사는 인천에 있는 수도전기통신 고등학교로 진학했다가 중퇴하고, 1984년 대입검정고시에 합격하였다. 김기설 열사는 군 복무를 마친 후 1988년 9월 경기도 성남에서 열린 '성남 민청련민주화청년운동연합' 창립대회에서 김근태 민청련의장을 만나면서부터 본격적인 민주화 운동의 길을 걷게 되었다. 김기설은 이후 민주화운동의 총본산이었던 재야단체 '전민련전국민족민주운동연합'으로 옮겨 사회부장을 맡게 되었다.

　필자가 김기설을 친구로 알게 된 것은 30여 년이 지난 지금으로서는 정확히 기억은 나지 않지만 1980년대 중후반쯤으로 기억된다. 그무렵 필자는 파주 출신 친구들과 친하게 지내면서 술자리도 가끔 하곤 했는데, 그 친구들 중에 김기설도 있었다. 유난히 책 읽기를 좋아했던 김기설은 필자를 만날 때마다 항상 책을 들고 다녔다. 1990년경 서울 동대문구 이문동에 있던 필자의 자취방에 김기설은 한두 번찾아와 밤늦게까지 시국 얘기를 나누다가 잠깐 눈을 붙이고 아침 일찍 길을 나서곤 했다. 김기설이 그 무렵 깊은 관심을 갖고, 고민했던 문제가 필자의 어렴풋한 기억으로는 아마도 '원진 레이온'이라는 회사의 산업재해 문제였던 것 같다.

　1991년 5월 8일 어버이날인 그날 정오 무렵 필자는 서울 구로공단현 구로디지털단지 근처에서 시내버스를 타고 가다, 우연히 라디오 뉴스에서 김기설 분신 소식을 듣게 되었다. 깜짝 놀란 필자는 곧바로 시신이 안치된 연세대학교 세브란스 병원으로 달려갔다. 이미 많은 재야인사와 사회운동단체 사람들이 도착해 가슴을 치며 울분을 토하고 있었다. 김기설의 파주 출신 죽마고우들도 눈시울을 붉히고 망연자실한 채 있었다.

　김기설 열사는 왜 분신이라는 극단적 선택으로 시대의 폭압에 항거했을까? 참으로 안타깝고 참담한 기억이지만, 김기설의 죽음을 이해하기 위해 1991년 봄으로 되돌아가보자. 1991년은 전두환, 노태우로 이어져온 군사독재 정권 말기로서, 각계각층의 민주화세력이 1992년 대통령 선거를 앞두고 공세국면으로 나가는 길목에서 매우

김기설 열사.

혼란스런 시국이 지속되었다. 이때 전국의 대학가에서는 등록금 인
상문제로 점화된 이른바 학원 민주화투쟁이 분출하고 있었다. 1991
년 4월 26일 명지대학교 학생 강경대 군이 시위 도중 이른바 '백골단'
으로 불리는 진압 경찰의 쇠파이프에 맞아 숨지는 사건이 발생했다.
이에 대학가에는 기름을 붓는 상황이 되어 의분을 참지 못한 학생들
이 잇따라 분신하는 이른바 분신정국이 조성되었다. 4월 29일 광주
전남대 박승희 양이 몸에 불을 붙이고, 5월 1일에는 경북 안동대 김
영균 군이 그리고 5월 3일에는 경기 경원대 천세용 군이 '정권 퇴진'
을 외치며 분신으로 저항했다. 5월 6일에는 구속 중이던 한진중공업
박창수 노조위원장이 부상을 입고 입원했던 병원 옥상에서 떨어져
사망하는 의문사까지 발생했다. 그리고 5월 8일 전민련 사회부장 김

단순하게 변혁운동의 도화선이 되고자 함이
아닙니다. 역사의 이정표가 되고자 함은
더욱이 아닙니다. 아름답고 맑은 현실이라는
다르게 슬프게 아프게 살아가는
이 땅의 민중을 위해 무엇을 해야 할까 하는
그 민중의 일로 결론이겠지요.

노태우 정권은 퇴진해야 합니다.
민자당도 해체 되어야 합니다.
우리에게 슬픔과 아픔만을 안겨주는
지금의 정권도 꼭 타도 되어야 합니다.
더 이상 우리에게 죽음과 아픔을
안겨 주지 말아야 합니다.
이제 우리들은 모두 하나가 되어 저 악으로운
행위 (결국) 일삼아온 노태우 정권을 타도하여
전면전을 선포하고 민중권력 쟁취를 위한
6·3항쟁을 위하여 모두가 하나 되어야 합니다.
— 김 기 설 —

▶ 유서②

김기설 열사가 남긴 유서. 당시 정부는 이 유서를 강기훈 씨가 대신 써 준 것이라며 '강기훈 유서대필 사건'을 조작했다.

기설이 서강대 옥상에서 분신 사망하는 사건이 발생했다. 5월 10일에는 '민주화운동 직장청년연합' 회원 윤용하 씨가 분신하는 사건이 발생하고, 5월 25일에는 성균관대학교 학생 김귀정 양이 시위 도중 압사당하는 사건이 발생했다.

이처럼 1991년 봄 수많은 젊은이의 죽음과 시위 속에서 전국 민주화 운동의 총본산 전민련의 사회부장을 맡고 있던 순수하고 열정적인 청년 김기설은 먼저 떠난 사람과 민중을 위해 깊은 고뇌에 빠졌고, 결국 "더 이상 죽음을 막기 위해" 극단적 방법으로 자기 몸을 던졌던 것으로 보인다. 당시 서강대학교 본관 4층 옥상에 남겨진 김기설의 점퍼 안주머니에서 발견된 유서 한 장에는 이렇게 적혀 있었다.

슬프게 아프게 살아가는 이 땅의 민중을 위해 무엇을 해야 할까 하는 고민 속에 얻은 결론이겠지요. 더 이상 우리에게 죽음과 아픔을 안겨주지 말아야 합니다.

이 유서 한 장이 희대의 공안 날조사건이자 한국판 드레퓌스 사건으로 불리는 '강기훈 유서대필 사건'의 발단이 될 줄은 아무도 몰랐다. 강기훈 유서대필 조작사건 이후 노태우 정부는 정국 반전에 성공하고, 6월 3일 정원식 국무총리가 한국외국어대학교 학생들로부터 계란과 밀가루 봉변을 당하는 사건이 결정타가 되어 학생운동의 도덕성 실추 악화로 노태우 정부는 정국 주도권을 완전히 장악하게 되었다.

김기설 열사는 남양주 마석 모란공원 민족민주 열사묘역에 안장되어 있다가 25년 만인 2016년 이천의 민주화운동 기념공원으로 옮

드레퓌스 사건

유대인 출신 프랑스 포병대위 드레퓌스는 1894년 독일 대사관에 군사 정보를 팔았다는 혐의로 종신형을 선고받았다. 수사 당국은 독일 대사관 정보 서류의 필적이 드레퓌스의 필적과 비슷하다는 것 이외에는 별다른 증거가 없었고, 진범이 따로 있다는 것을 알면서도 이를 은폐하고 드레퓌스의 혐의를 날조하였다. 당시 프랑스의 양심적인 지식인은 드레퓌스를 감옥에 가둔 군부를 향해 저항했다. 대표적으로 작가 에밀 졸라는 〈나는 고발한다!〉는 글로 드레퓌스의 결백을 주장했다. 드레퓌스는 12년 만에 무죄 판결을 받았다.

강기훈 유서대필 사건

김기설 분신 일주일 정도 지난 후, 검찰은 당시 전민련 총무부장을 맡고 있던 강기훈이 김기설의 유서를 대필하고 자살을 방조했다며 파렴치범으로 몰아가고, 재야단체의 도덕성에 타격을 가해 강경대군 사망사건 이후 수세에 몰렸던 정국의 반전을 꾀했다.

당시 검찰은 유서 필적이 김기설의 필적과 동일하다는 모든 증거와 증언은 철저히 외면하고, 정권의 눈치를 보던 국립과학수사연구원국과수의 거짓 필적감정 결과를 근거로 강기훈이 대필했다고 기소하여, 강기훈은 3년 6개월간 징역형을 살고 나왔다.

이후 노무현 대통령 시절 2007년 11월 '진실·화해를 위한 과거사 정리위원회진실화해위'에서 유서 필적이 김기설의 필적과 동일하다고 결론 내렸고, 법원에 재심을 권고했다. 그후 재심 과정을 거쳐, 2015년 5월 14일 대법원은 24년 만에 강기훈의 무죄를 선고했다. 강기훈 유서대필 조작사건 당시 법무부장관은 박근혜 정권 비서실장을 역임한 김기춘이고, 수사검사는 박근혜 정권 민정수석을 거쳐 자유한국당 소속 국회의원인 곽상도였다.

졌다. 이천의 민주화운동 기념공원에는 1991년 봄 함께 쓰러져간 강경대 열사^{광주 망월동 묘역에서 이장}, 천세용 열사^{마석 모란공원에서 이장}, 김귀정 열사^{마석 모란공원에서 이장} 등이 김기설 열사와 같이 잠들어 있다.

파주를 살다

1.
임진강 팔경

　파주 지역 생태 보고, 생명의 젖줄 임진강은 함경남도 마식령에서 발원하여 북한 지역을 굽이굽이 흘러, 강원도 철원군과 경기도 연천군을 지나 파주시로 진입, 적성면 파평면 문산읍을 거쳐 교하에서 한강과 만나 김포와 강화를 거쳐 서해로 흘러가는 길이 272km의 강물이다. 이중 파주 구간은 약 75km 정도이다.

　임진강은 삼국 시대에는 칠중하七重河, 표하瓢瓠주박 표, 河물 하, 호로하瓠박 호, 蘆갈대 로, 河물 하 등 여러 이름으로 불렸다고 하는데, 지금의 임진강으로 불리게 된 유래는 고구려 때 문산읍과 파평면의 경계에 '진임성津臨城'이 있었는데, 진임성이 신라 경덕왕 때 '임진臨津'으로 바뀌어 불리게 됐다는 이야기가 전해 온다.

　또 다른 이야기는 임진왜란 때 선조가 화석정을 태워 의주로 피난 간 후 이듬해 한양으로 돌아오는 길에 군사들의 위령제를 지내면서

'이 나루에 다시 임했구나!'고 탄식을 해서 임진臨임할 임, 津나루 진이 되었다는 이야기가 전해진다.

　흔히들 임진강의 아름다운 풍광 8곳을 임진강 팔경이라고 부르는데, 그 유래는 문산읍 장산리 임진강변에 내소정來蘇亭이라는 정자가 있었는데, 조선 숙종 때 남용익 선생이 내소정에 올라 바라본 임진강의 아름다운 풍광 8곳을 읊은 내소정어來蘇亭於라는 시에서 나왔다 한다. 내소정어來蘇亭於는 '내소정에서'라는 뜻이다.

　임진강 팔경 중 제1경은 화석정의 봄이고 제2경은 장암의 낚시요, 제3경은 송암의 맑은 구름, 제4경은 장포의 가랑비, 제5경은 동파역의 달, 제6경은 적벽 뱃놀이, 제7경은 동원의 눈, 제8경은 진사의 새벽종을 말한다.

　임진강 팔경에 대한 연구는 파주 출신 사학자인 이윤희 선생의 글에 나타나 있다. 이윤희 선생은 '흔적을 찾는 사람'이라는 뜻의 적심재跡尋齋를 아호로 둘 정도로 파주의 역사와 문화 연구에 대한 열정이 남다른 분이다. 이윤희 선생이 임진강 팔경에 대해 조사한 바로는 안타깝게도 대부분 사라지고 흔적만 남아 있다고 한다.

　제1경 화석정은 익히 알고 있는 곳으로 파평면 율곡리 임진강변에 있는 정자이다.

　제2경에서 말하는 장암이란 문산읍 장산리 임진강변 절벽 위에 아주 평평한 바위가 있었는데, 사람들이 마당바위라 불러 이를 한자로 쓰면 장암場마당 장, 巖바위 암이라 한다. 그런데 일제 강점기에 경의선 철로를 놓으면서 장암을 파괴해 지금은 흔적도 찾아 볼 수 없게 되었다고 한다.

제3경 송암은 특정 지명이 아니라 당시 내소정 인근 소나무와 바위를 일컫는 것으로 추정된다고 한다.

제4경 장포는 긴 포구라는 뜻으로 지금의 파평면 두포리 일대로 추정된다고 한다. 제5경 동파역이란 임진강 건너 북쪽 진동면 동파리(지금의 해마루 촌)에 있던 역원을 말한다.

제6경 적벽은 임진강의 전 구간에 펼쳐져 있는 현무암 절벽을 말하는데, 내소정어에서 말하는 적벽은 화석정 아래에 있는 적벽을 말하는 것으로 추정된다고 한다.

제7경 동원은 '오동나무 정원'이란 뜻인데, 동파리 주막거리 주변에 오동나무가 많았던 것으로 전해져 이곳을 말하는 것으로 추정된다고 한다.

제8경 진사는 임진나루 인근에 있던 사찰로 추정되는데, 문헌기록에 의하면 임진나루 인근에 절터가 있었다고 한다.

한편, 중국과 조선을 오가는 사신, 북쪽 지방에 파견이나 시찰 가는 관리들이 머물렀던 동파역은 역사적 의미를 가진 곳 임에도 불구하고 위치가 정확하게 알려지지 않았다. 파평면 율곡리에 거주하는 김현국 씨는 개인의 연구결과를 바탕으로 초평도 바로 옆 동자원과 잔골사이의 주막거리에 있었던 곳으로 추정된다고 한 언론에 밝힌 바 있다.

2.
임진강 뱃사공

생명의 젖줄 임진강의 풍성한 어종을 이용해 예로부터 고기잡이를 하여 생업을 유지하는 사람들이 많다. 파주시에서 현대식 어업권이 허가된 것은 1965년부터였고, 모터 배가 허가된 것은 2005년부터였다고 한다. 모터 배 허가를 불허했던 것은 접경 지역 특성상 배를 이용한 월북 방지 등 군사상 이유 때문이었다고 한다.

파주시 민통선 이북 지역인 해마루촌에 거주하는 파주 출신 농부 작가 이재석 씨가 쓴 『임진강 기행』에 보면 내포리와 반구정 선단 어민들은 해가 떨어지면, 돛단배만 강가에 두고, 노는 어깨에 메고 강변 보관소에 두고 가야 했던 시절이 있었다고 한다. 2015년부터는 이 지역도 3월 1일부터 6월 30일까지 일정 기간 동안만 15마력 이하 저용량 모터 배 운행이 허용된다. 모터 배 허가를 위해 어민들은 군부대에 CCTV 설치비용을 부담하는 등 각종 지원을 했다고 한다. 어업에 종사하는 인원은 약 200명, 낚시나 양식을 포함하면 350명 수준이라고 한다. 한강 하구와 합류하는 공릉천에서 물고기를 잡는 배를 제외한 대부분 배는 문산읍 내포리에서 적성면 자장리에 이르는 허가 구역 안에서 어로 활동을 하고 있다고 한다.

임진강에는 황복을 비롯해 참게, 쏘가리, 어름치, 돌고기, 은어, 장어, 메기, 모래무지, 참마자, 피라미, 동자개 등이 많이 잡힌다.

회유성 어종인 황복은 먼 바다에서 강물과 바닷물이 만나는 합수역에 산란하기 위하여 거슬러 올라오는데, 산란장은 파평면 장파리와 적성면 장좌리에 걸쳐 있는 임진강변 모래밭이었다. 황복은 임진강가에 4월말부터 6월 중순까지 많이 잡히는 데 요즘에는 어종 고갈로 해마다 파주시에 황복 치어방류 사업을 하고 있다.

회유성 어종인 뱀장어는 산란을 위하여 먼 바다로 내려갔고, 그 새끼는 3월부터 모천회귀母川回歸, 강으로 되돌아 옴하여 임진강에서 성장하였다. 적성면 두지리에서 많이 잡았다 한다. 황희 정승 유적지가 있는 반구정 주변에는 장어집이 성황 속에 영업 중이다.

참게는 추분 즈음에 임진강 하구에서 산란을 위해 바다로 내려가기 때문에 8월 말경부터 잡힌다고 한다. 파평면 장파리 주변과 적성면 두지리에서 산란을 위해 내려가는 참게를 많이 잡는다고 한다.

임진강에서 잡히는 물고기를 원재료로 하는 매운탕 집은 파주의 또 명물인데, 임진리, 두포리와 적성면 두지리에 수많은 매운탕집들이 성업 중이다. 파주만의 독특한 매운탕으로 털레기 매운탕이 있다. 미꾸라지와 갖은 야채, 국수 등을 다 털어 넣는다고 해서 붙여진 이름이라고 한다. 먹을 게 드물고 고기가 귀하던 시절에 배불리 먹을 수 있는 서민들의 별미이자 보양식이었을 것으로 보인다.

3.
파주 지역에 사는 멸종 위기종

수원청개구리는 좋은 쌀을 생산하는 건강한 논의 상징이라고 한다. 몸의 길이가 2.5cm~4.4cm로 대한민국에 서식하는 개구리 중가장 작다. 우리나라 지역 명을 붙인 유일한 양서류인데, 주로 평지에 있는 관목이나 풀잎 위에서 서식한다. 2012년 5월 31일 멸종위기야생동식물 1급으로 지정되어 보호받고 있다. 파주를 비롯 전국적으로 86곳에서 서식하고 있다. 정작 원산지인 수원에서는 사실상 자취를 감춘 것으로 학자들은 보고 있다.

수원청개구리는 청개구리와 같은 종으로 분류되었는데, 다른 종으로 밝혀지고 이름이 수원청개구리로 붙게 된 유래는 1977년 일본 학자 구라모토 미스루가 수원에서 청개구리와 다르게 우는 종을 발견하면서 발견 장소인 수원을 학명에 반영했기 때문이라고 한다.

금개구리는 이름에 금이라는 벼슬을 단 개구리이다. 등 양쪽에 2

개의 굵고 뚜렷한 금색줄이 불룩 솟아 있다. 낮은 지대 논밭 주변 물 웅덩이, 습지에서만 알을 낳는다. 금개구리의 생태는 참개구리와 거의 유사하지만, 번식기, 구애 음성 그리고 거의 물에서 떠나지 않는 습성을 가진 점이 다르다. 우리나라 고유종이며, 멸종위기 야생생물 2급으로 지정하여 보호하고 있다.

2015년 7월 파주환경운동연합 생태조사단은 LH가 개발 중인 파주 운정 신도시 3지구 공사현장에서 금개구리를 발견하였다. 당국은 파주 운정 신도시 3지구 개발 사업으로 터전을 잃은 성채 111마리를 포함해 3600여 마리의 금개구리를 김포시로 임시 이주시켰다. 김포에 있는 금개구리는 운정 신도시 개발이 끝나고 대체 서식지가 조성되면 파주로 옮겨지게 된다.

맹꽁이는 '쟁기발개구리'라고도 한다. 몸길이는 약 4.5㎝이다. 머리 부분은 짧아 몸 전체는 둥글다. 등에 작은 융기가 산재해 있고, 황색 바탕에 청색을 띤다. 장마철에 만들어진 웅덩이나 괸 물에 산란하므로 다른 개구리에 비해 빠른 변태를 하는 것으로 알려져 있다. 또한 연중 땅 속에 서식하며, 야간에 땅 위로 나와 포식활동을 하고, 6월경의 우기에 물가에 모여 산란한다. 산란은 보통 밤에 하지만 비가 오거나 흐린 날씨에는 낮에도 수컷이 울음소리로 암컷을 유인한다. 이러한 습성으로 인해 산란시기 외에는 울음소리를 들을 수 없고 눈에 띄지도 않는다. 한국에서는 2012년 5월 31일 멸종위기 야생동식물 2급으로 지정되어 보호받고 있다.

2015년 7월 파주환경운동연합 생태조사단은 파주 운정 신도시 3지구 개발사업 1·3·4·5 공구에서 맹꽁이 산란 장소를 발견하였다. LH는 한강유역환경청과 협의를 거쳐 운정 3지구 1·3·4·5 공구에 서식하는 맹꽁이를 포획해 2km가량 떨어진 운정호수에 대체서 식지를 조성해 옮겼다.

산지나 초원에서 자라는 층층둥굴레는 높이 30~90cm로 굵은 뿌리줄기가 옆으로 자라면서 번식한다. 잎 표면은 녹색이고 다른 종류의 둥글레와 달리 3~5개가 똑바로 선 줄기의 마디마디마다 돌려난다. 꽃은 6월에 피고 연한 황색이며 잎겨드랑이에 달리고 짧은 꽃줄기에 2개씩 밑을 향하여 핀다. 연한 순과 뿌리줄기를 식용한다. 한방에서 자양·강장·종염·종창·당뇨 등에 약재로 사용한다. 멸종위기 야생식물 2급으로 지정되어 있다. 파주에서는 파주읍과 월롱면 문산천 일대에서 4만여 그루가 서식하는 군락지가 발견되어 문산천 정비공사로 인해 대체 서식지를 조성해 옮겼다. 그러나 대체 서식지 보호 안내 표지판에 부착된 사진은 층층둥글레가 아닌, 다른 종인 것으로 나타나 환경단체들로부터 빈축을 사고 있다. 2017년 7월 환경부는 멸종위기 종을 재지정하면서 층층둥굴레는 개체수가 증가한 것으로 보고 멸종 위기종에서 삭제했다고 밝혔다.

4.
천연기념물

1) 물푸레나무

파주시 생태도감에 의하면, 물푸레나무는 가지를 꺾어 물에 담그면 '물을 푸르게' 하여 붙여진 이름이라고 한다. 물푸레나무는 농경사회 시절 전통적으로 맷돌 손잡이어처구니, 도끼 자루, 도리깨의 재료로 많이 이용되었다고 한다.

물푸레나무는 파주 전역의 산기슭에서 주로 발견되는데, 파주에서 천연기념물로 지정된 물푸레나무는 두 그루가 있다. 대표적으로 적성면 무건리에 있는 천연기념물 제286호인 적성 물푸레나무와 교하동 청석마을에 있는 경기도 기념물 제183호로 지정된 교하 물푸레나무이다.

적성 물푸레나무는 수령이 약 150년 정도로 예상되며, 우리나라에서 자생하는 물푸레나무 중 보기 드문 거목으로 높이가 13.5m에 달하며, 교하 물푸레나무는 적성 물푸레나무에 비해 수령이 적은 만큼 생장상태가 양호하다.

2) 재두루미

몸길이가 115~125cm이며, 날개를 펴면 180cm정도에 달한다. 목과 날개는 흰색이고, 그 밖에는 잿빛을 띤 흑색이다. 시베리아 남동부, 만주, 몽골 등지에서 번식하며 겨울철 우리나라에서 월동하는 겨울철새이다.

재두루미는 1968년 5월 30일 천연기념물 제203호로 지정되었고, 2012년 5월 31일 멸종위기야생동식물 2급으로 지정되어 보호받고 있다. 한강 하류인 파주시 산남동 재두루미 도래지는 천연기념물 제250호로 지정되어 보호 관찰되고 있다.

파주시 생태도감에 의하면, 파주에는 민통선과 임진강 유역 전역에서 관찰되는데, 대표적으로 산남동 산남습지에서 2,500여 마리가 월동해 왔으나, 자유로 도로건설과 파주출판도시 건설 등으로 개체수가 줄어들고 있다고 한다. 그 밖에 한강과 임진강이 만나는 성동습지와 공릉천 하구, 해마루촌 농경지등지에서도 발견된다고 한다.

재두루미는 장항습지와 성동습지를 번갈아 가며 먹이활동을 하고 있고, 통일촌 일원에서 월동하는 개체들은 임진강에서 먹이활동을 하고, 임진강 상류와 비무장지대 내 사천강 주변, 장항습지 등에서 잠

한강 하류 재두루미 도래지(천연기념물 제250호).

을 자는 것으로 알려졌다.

3)저어새

　천연기념물 제419호로 지정된저어새는 우리나라 서해안에서 번식하는 세계적인 멸종위기종이다. 2010년 기준으로 약 2,400여 마리만 서식한다. 저어새란 이름은 주걱처럼 생긴 부리를 얕은 물속에 넣고 좌우로 저으면서 먹이를 찾는 특별한 습성 때문에 붙여졌다.

　파주시 생태도감에 의하면, 저어새는 몸 전체가 흰색이고, 부리와 다리는 검은색이다. 여름에는 뒷머리에 연노란색 장식 깃이 띠로 나타난다. 저어새는 경계심이 많은데, 주요 서식지는 얕은 해안과 갯벌, 물웅덩이, 갈대밭 드이며, 먹이는 작은 물고기, 개구리, 조개 등이다.

　파주 지역에는 공릉천, 장단습지, 문산습지, 성동습지, 교하물골 등에서 먹이활동을 하는 것으로 관찰된다.

4) 독수리

　수리과의 겨울철새이다. 몸 전체가 흑갈색이며, 날개 깃과 꼬리, 부리 끝은 검정색이고 아랫부리는 연노라색이다. 폭이 넓고 긴 날개를 뻗은 상태로, 상승기류를 타고 오래 비행할 수 있다. 몸집이 둔하고 움직임이 느리며, 자기보다 작은 까마귀나 까치 등에게 쫓기기도 한다고 파주시 생태도감에 기록되어 있다.

　실제로 파주에 거주하는 생태학자 노영대 선생이 촬영한 동영상을 보면, 까치의 공격에 속수무책인 독수리의 굴욕장면이 보인다. 바위산이나 산림에 서식하는데 몽골에서 11월에 우리나라로 날아온다. 파주지역이 가장 많은 수의 독수리가 월동하는 지역으로 알려져 있는데, 일반인의 출입이 없는 민통선 내인 데다 정기적인 먹이주기가 이뤄져서다.

　파주시 문산읍 마정리 마을에는 임진강 생태보존회 윤도영 사무국장 등 회원이 겨울철 독수리 먹이주기 활동을 펼치고 있다.

　독수리들은 통상적으로 월동 기간 내내 먹이 터를 중심으로 반경 4~10km에 서식하는데, 2016년 AI 발생으로 먹이주기 활동이 뜸해지면서 먹이부족으로 개체 수가 감소하고 있고, 월동지 먹이터로부터 반경 50km의 장거리를 왔다 갔다 하는 현상이 나타난다고 파주시 생태도감에 기록되어 있다.

마정벌을 찾아온 독수리때.

5) 수리부엉이

수리부엉이는 몸길이 약 70cm의 대형 조류이며 머리에 난 귀 모양 깃털이 특징인데, 깃털은 진한 갈색에 검정색 세로 줄무늬가 있고, 눈은 붉은색이다. 어두워지면 활동을 시작하여 새벽 해 뜰 무렵까지 활동한다. 한국에서는 비교적 드문 텃새이나 전국에 걸쳐 분포한다. 숲보다는 바위가 많은 바위산에 산다. 1982년 11월 4일 천연기념물 제324호로 지정되었고, 2012년 5월 31일 멸종 위기 야생동식물 2급으로 지정되어 보호받고 있다. 파주시에서는 1993년경 탄현면 법흥리 부엉이 산에서 한 쌍이 발견되었고, 인근 교하동 오도리 장명산에서 발견되었다.

그런데 2008년 4월 탄현면 법흥리에 서식하던 어미 수리부엉이가 독극물에 의해 폐사된 후 수컷 부엉이는 사라지고, 새끼 3마리 중 1마리 아사하고 2마리는 구조되었다. 구조된 2마리 중 1마리는 연천군에 방사하였고, 1마리는 통일동산에 방사하였다. 그 후 2017년 탄현면 법흥리 서식지에서 한 쌍이 다시 발견되었는데, 인근에 장단콩 웰빙마루 사업지가 새로 조성되면서 진행한 소규모 환경영향평가에서 수리부엉이 서식 사실이 누락돼 논란이 야기되었다.

파주를 배우다

1.
가장 오래된 지명

    현재 파주시에 있는 지명 중 가장 오래전부터 불린 지명은 파평과 교하, 장단이다.

    통일신라 경덕왕 때 757년 파해평사현 고구려 장수왕 때 지명을 파평현이라 이름을 바꿔 불렀고, 천정구현 고구려 장수왕을 교하군으로, 장천성현 고구려 장수왕을 장단현으로 부른 것으로 기록되어 있다.

    파평은 파해평사波害平史를 줄여서 부른 말이지만, 교하交사귈 교, 河강 물 하라는 말은 임진강과 한강이 만나 합친다는 의미로서 '천정泉샘 천, 井우물 정'과 마찬가지로 물과 밀접한 관련이 있다.

    장단長길 장, 湍여울 단은 물살이 세게 흐르는 여울이 기다랗게 있는 장단반도의 지형적 특성에서 유래된 것으로 추정된다.

    그 다음으로 오래된 지명은 적성인데, 적성은 성城을 쌓는다積쌓을

^적는 뜻으로 고구려 때 칠중현으로 불리다가, 신라 경덕왕 때 중성현으로 개칭하고, 고려 현종 때 ^{1018년} 적성현 ^{積城縣}으로 불렸다. 2018년이 '적성 1천 년이 되는 해'이다.

2.
말馬말마이 들어가는 재미있는 지명

파주는 서울과 개성, 의주로 가는 길목에 있어 파발이 도달하는 역이 있고, 군마를 훈련하던 이야기와 관련된 '말 마馬'가 들어가는 지명이 많다.

적성면에 있는 설마리薛馬里는, 당나라 장수 설인귀가 말을 타고 훈련했다 하여 설마리로 붙여졌다는 설이 있다. 다른 한편에서는 '설마 설마 했는데 사기詐欺굽는 마을에 갔다가 사기詐欺당하고 왔다'는 설에서 유래했다고 한다 설마리는 사기를 많이 구웠다고 한다. 그러나 대체로 적성면에는 설인귀와 관련된 이야기가 많이 전해지고 있는 것으로 보아, 설인귀 유래설로 보는 것이 우세하다.

적성면 마지리는 임꺽정 전설이 있는 곳으로, 설인귀가 말발굽을 휘날릴 정도로 다녀 마제리馬말 마, 蹄발굽 제라 불리다 발음이 변했다는 설이 있다. 다른 속설에는 지형이 마디처럼 생겼다하여 마디리라했는데 발음이 바뀌었다는 두 가지 설이 있다. 그러나 설인귀 유래설이 우세한 것으로 보인다.

문산읍 마정리^{馬井里}는 안개가 자욱한 날, 새벽햇살 기둥이 우물에 꽂히자 그 안에서 용마가 나왔다 하여, 말우물^{馬말 마, 井우물 정}로 불리기 시작했다고 전해진다. 실제로 '말우물길'이라는 도로명도 생겼다.

문산읍 마은동^{馬隱洞}은 말우물에서 나온 말이 숨어 있었다 하여 마은^{馬말 마, 隱숨길 은}골이라 불리었다고 한다. 그런데 말이 왜 숨어야만 했을까? 전해지는 이야기는 없다.

광탄면 마장리^{馬場里}는 조선 연산군 때 군마를 집결시켜 사육하고 기마 훈련장으로 이용했다 하여 마장^{馬말 마, 場마당 장}으로 붙여진 이름이라 한다.

광탄면 창만리에는 '도마뫼'라는 마을이 있는데, 산의 형세가 도원수^{都元帥, 전쟁에서 군대를 통솔하는 사람}가 천군만마^{千軍萬馬}를 거느리는 모습과 같다 하여 '도^都'자와 '마^馬'자를 따서 붙인 이름이라고 한다. 실제로 도마산과 도마산초등학교는 여기에서 유래된 이름이다.

금촌동 지금의 시청 자리는 마무리^{馬武里}라 부르는데, 이는 파발마를 훈련시킨 곳이라 하여 마무^{馬말 마, 武굳셀 무}가 되었다 한다. 마무리라는 어감은 건배사에서 나오는 '마무리^{마음 먹은 것은 무엇이든 이루자}'처럼 재미있긴 하다.

파주 읍내 아랫마을은 옛날 파주목 관아에서 부리는 말을 기르던 곳이라 마산^{馬山}이라 불리게 되었다. 이 마을에는 조선 시대 영조 임금의 셋째 딸 화평옹주와 부마^{왕의 사위} 박명원의 묘가 있다.

3.
고개峴 고개 현가 들어가는 재미있는 지명

 파주는 높은 산이 없어 높은 고개를 찾아볼 수 없다. 파주의 대표적인 고개는 광탄면 용미리에서 고양시 고양동으로 넘어가는 혜음령과 광탄면 영장리에서 고양시로 넘어가는 됫박고개, 적성 마지리에서 양주시로 넘어가는 곳에 당나라 장수 설인귀가 말을 타고 달리던 곳이라 하여 불리는 설마치 등이 있고, 마을 이름에는 작은 고개에 얽힌 이야기를 바탕으로 현峴고개 현, 재 현이 들어가는 지명이 있다.

 적성면에 있는 식현리는 옛날 여름 농사일을 하다가 시원한 바람이 불어오는 고갯마루의 나무그늘에서 밥을 먹고 낮잠을 즐긴 데서 '밥재, 밥고개'라고 불리어 이를 한자로 옮기면서 식현食 밥 식, 峴고개 현이 되었다 한다. 여유롭고 목가적인 풍경이 상상되는 이름이다.

 또 적성면 객현리는 예로부터 선비가 지나가는 고개라 하여, 선비고개, 선고개, 손님고개라 불리어 이를 한자로 옮겨 객현客 손님 객, 峴 고

^{개 현}이 되었다. 실제로 적성면에는 '선고개길'이라는 도로명 주소가 있다.

법원읍은 옛날에는 천현이라 불렸는데, 이 지역은 샘물이 나는 고개라 하여 '샘재, 샘고개'라고 불리어 한자로 천현泉샘천, 峴고개현이 되었다. 지금도 천현농협, 천현초등학교 등과 같이 천현으로 불리는 지명이 많이 남아 있다.

법원읍 오현리梧오동나무 오, 峴고개 현인데, 직접적 유래는 오리동의 오와 차현동의 현을 합쳐 오현이라 부르게 되었다.

운정동 황룡산 밑에 있는 하우고개는 학이 날아와 있는 모습이 고개와 같다고 하여 한자로 학현鶴峴이라 불린다. 지금은 '하우고개길'이라는 도로명 주소가 있다.

탄현면 축현리는 예로부터 싸리나무가 많이 나서 싸리고개라 불리었는데, 이를 한자로 옮기면서 유현杻싸리나무 유, 峴고개 현으로 되었는데, 싸리나무 유杻를 축丑소 축으로 잘못 불려져 축현리가 되었다고 한다.

이러한 예는 국립공원 지이산智異山을 지리산으로 부르는 것이나, 경남 협천陝川을 합천으로 읽는 것이나 마찬가지 현상으로 사람의 입이 편한 데로 많은 사람이 부르다보면, 비록 한자음은 틀려도 이를 묵인하게 된다. 사람이 문자의 노예가 되는 것이 아니라, '사람이 먼저다'라는 이치가 인정받는 사례라고 볼 수 있다.

탄현면 갈현리는 칡넝쿨이 많다 하여 '가루고개, 가루개'라 불렸는데, 이를 한자로 갈현葛칡 갈, 峴고개 현으로 옮겼다. 갈현은 서울 은평구, 인천시, 과천시 등 전국적으로 많이 사용되는 지명이다. 그러나 탄현면炭縣面의 현은 '고을 현縣'을 쓰고 있으며, 인근 고양시 일산 탄현마을은 예로부터 숯 고개라 하여 탄현炭숯 탄, 峴고개 현을 쓰고 있다.

4.
읍면동의 유래와 전설 이야기

    파주시에는 4개의 읍과 9개의 면, 22개의 법정동이 있다. 법정동은 자연부락을 바탕으로 하거나 오랜 전통을 지닌 동으로 공식 문서상에 표기되는 주소를 말한다. 그런데 인구가 많은 법정동은 분할하거나, 인구가 적은 여러 법정동은 통합해서 행정 편의를 위해 사용하기도 하는데 이를 행정동이라 한다. 행정동은 동사무소^{행정복지센터}를 단위로 하는 행정구역이라고 할 수 있으며, 그 설정은 '파주시 행정기구 및 정원 조례'로 정한다.

    파주시는 22개의 법정동을 행정편의를 위해 7개의 행정동으로 압축하여 조례로 정했다.

    법정동(22개) : 금촌동, 금릉동, 아동동, 야동동, 검산동, 맥금동, 교하동, 당하동, 와동동, 목동동, 하지석동, 동패동, 서패동, 상지석동, 신촌

동, 야당동, 오도동, 문발동, 다율동, 연다산동, 산남동, 송촌동

행정동(7개) : 금촌1동(아동동 일부, 금촌동 일부, 금릉동 일부), 금촌2동(금촌동 일부, 금릉동 일부), 금촌3동(아동동 일부, 금촌동 일부, 야동동, 검산동, 맥금동), 운정1동(당하동일부, 상지석동, 와동동), 운정2동(목동동 일부), 운정3동(동패동 일부, 야당동), 교하동(교하동, 당하동일부, 다율동, 목동동 일부, 동패동 일부, 산남동, 서패동, 문발동, 신촌동, 송촌동, 연다산동, 오도동, 하지석동)

※파주시청의 도로명 주소는 「파주시 시청로 50(아동동)」으로 주소에는 법정동인 아동동을 표기한다. 그러나 파주시청의 행정동은 금촌1동에 속한다.

5.
재미있는 마을이름

1) 재미있는 금촌동 마을이름

금촌동은 새로 만든 마을이라는 뜻의 '새말·신촌'이라 하던 것이 발음이 변하여 세말·쇠말· 쇠마을^{金村}으로 되었다고 한다. 이와 관련해 전해지는 속설은 일제 강점기 경의선을 부설하면서 새로운 역 명을 지을 당시 일본인이 조선 주민에게 마을 이름을 물었는데, 새마을이라 답하자 쇠마을로 잘못 알아듣고 쇠마을^{金村}으로 정했다는 설이 있고, 다른 이야기로는 인근 냇물이름인 금천^{金川}에서 금자와 '마을 촌^村'을 따와서 정했다는 설이 있다.

검산동은 조선 세종 때 한글창제에 기여한 집현전 학자출신이자, 성종 때 영의정에 오른 신숙주가 그의 아버지 신장의 묘지를 찾기 위해 산속을 검색했다 하여 검산^{檢조사할 검, 山뫼산}으로 불린다. 이와 관련된 전설은 파주시가 2009년 발간한 『파주시지^{坡州市誌}』의 설화와 민요편에 나와 있는데, 그 내용은 다음과 같다.

　신숙주의 아버지 신장은 전라도 나주로 낙향하여 서당에서 유생들을 지도하던 중 세종의 부름을 받자, 부인과 다섯 아들^{신숙주는 셋째 아}을 나주에 두고 홀로 상경하여 참판^{지금의 차관}의 벼슬까지 올랐다. 그러나 술을 너무 좋아해, 세종이 술을 줄이라 당부했음에도 과음 탓에 1433년 52세의 나이로 세상을 뜨게 되었다. 이에 신숙주의 어머니와 첫째 형, 둘째 형만 상경하여 장례를 치루고 지금의 파주 검산리 조음발이에 묘지를 만들었다. 그런데 두 형들이 시묘^{부모의 상을 당했을}^{때 상주가 3년 동안 움집을 짓고 사는 일}를 마칠 즈음 나라사정이 어수선해 아버지 묘지가 훼손당할 것을 우려해 묘지 혼적을 숨기고 암표만을 남기고 고향 나주로 돌아갔다. 그러나 두 형들마저 일찍 죽게 되어 신숙주는 아버지 묘소의 위치를 알 수 없었다. 그 후 성종 때인 1471년 영의정이 된 신숙주는 동생들에게 말로만 듣던 아버지 묘소를 일러주고 반드시 찾도록 하였다. 이에 두 동생이 월롱산을 두루 돌아다니는 중 한 승려가 집집마다 꽹매기^{중 시주 밥그릇}를 치며 시주를 받는 것을 보고 승려에게 무덤의 위치를 물었다. 승려는 "이 산 윗골짜기에 모시었다는 말만 들었다."하고 사라지고, 동생들이 그 근방의 산을 샅샅이 살펴 아버지 신장의 묘비를 찾았다고 한다. 이렇게 신장 묘를 찾기 위해 산 전체를 검색하였다고 해 검산^{檢山}이라 불렀으며, 승려의 꽹매기 소리의 도움을 받았다 하여 조음발이^{助도울 조, 音소리 음, 鉢 중의 밥}^{그릇 발}라 부른 것으로 전해진다.

　금릉동이란 옛날 상선이 오르내리던 전성기 시절에 이 지역이 금화로 둘러 싸였다 하여 금성리로 불리다가, 숙종이 고령산에 올라 파주를 내려보니 금계포란형^{金鷄抱卵形, 금빛 닭이 알을 품은 듯한 형세} 명당이라

능자리를 잡은 후 금능리라 불리게 되었다하는 설과 영조가 인조의 왕릉인 장릉을 운천리에서 갈현리로 이전한 후 금성리 금자와 능자를 따서 금릉金陵으로 개칭하였다는 두 가지 설이 있다. 금릉은 쇠 또는 금이 묻혔다 하여 쇠자, 쇠재라 불리기도 했다.

금릉동 뒤편에는 뒷골이라 불리던 '후곡後뒤 후. 谷골짜기 골'마을이 있다. 실제로 금촌 택지 조성 때 후곡마을 아파트 단지 이름도 이 마을에서 유래된 것이다.

금촌에는 '새꽃, 새꾸지, 신화리'로 불리는 마을 이름이 있는데, 숙종이 고령산光坦面에 올라 금촌 방향을 보니, 금계포란형金鷄抱卵形, 신화만발형新花滿發形, 새꽃이 만발한 형세 명당이라하여, 새꽃으로 불렸다 한다. 실제로 금촌 택지 조성 때 새꽃마을 아파트 단지 이름도 이 마을에서 유래된 것이다.

맥금동은 매흙이 많은 후미 지역이라 맥그미, 맥금이라 불렸다는 설과 다른 한편으로는 보리밭이 많아 보리가 익을 무렵 황금물결이 쳤다는 설이 있다. 그러나 한자 맥금陌두렁 백, 今이제 금은 이 두 가지 설화의 의미와는 무관한 가차假借 문자로 풀이된다. 가차문자란 한자의 본래 뜻과는 무관하게 불란서佛蘭西, 프랑스와 같이 발음이 비슷한 문자를 빌려 쓰는 것을 말한다. 매흙이란 집을 지을 때 벽에 바르는 곱고 보드라운 잿빛 흙을 말하는데, 매흙을 한자로 쓰자면 '근墐 매흙질할 근'이 된다. 맥금陌두렁 백, 今이제 금은 매흙과는 맥락 없는 한자이다. 또한 보리가 황금물결 쳤다는 설을 뒷받침 하려면 보리 맥麥, 쇠 금金을 써야 설득력이 있을 것이다. 앞으로 더 연구가 필요한 지명이라 생각된다.

아동동은 옛날 교하군 관아官衙가 있던 자리라 하여 관앗골로 불리다, 한자로 아동동衙洞洞으로 되었다고 한다. 그런데 동 이름을 지을 때 같은 소리를 피하고 발음을 편하게 하기 위한 음운론으로 볼 때 굳이 '아동동'으로 동洞을 두 번씩 표기할 필요가 있었을까 하는 생각이 든다. 서울 중구 '명동明洞', '정동貞洞'이나 양천구 '목동木洞', 중랑구 '묵동墨洞'과 같이 '아동'으로 부르는 게 간결했다고 본다. 아동으로 부르면 '아동兒童, 어린아이'으로 오인 받는 것을 꺼려했을까?

야동동은 원래 풀무간대장간 야, 冶이 있었다 하여 야동동冶洞洞으로 불렸다. 현재도 야동동에는 풀무골 이름을 그대로 사용하는 마을이 있다. 야동동은 아동동과 마찬가지로 '야동'으로 줄여 부르는 게 간결한 방법이라고 생각한다. 한편, 충청북도 충주시 소태면에도 '야동리'가 있는데, 이 마을에서는 '야한 동영상野動'이라는 신조어가 생긴 후, 이미지 개선 차원에서 마을 이름을 개명하자는 일부 의견도 있지만, 여전히 이 명칭을 유지하고 있다고 한다. 오랜 세월 동안 불려온 마을 이름에 주민들의 애환이 서려 있기 때문이 아닐까 생각이 든다.

2) 재미있는 문산읍 마을이름

문산읍은 원래 임진면 문산리였는데 1973년 임진면을 읍으로 승격시키면서 문산읍으로 이름을 변경하게 되었다. 한자로 문산汶山의 유래는 홍수가 나면 임진강 흙탕물이 산더미처럼 밀려왔다 하여 생겨났다. 대동여지도에는 '文山'으로 표기되어 있다고 한다. 그런데 '汶물이름 문'에는 '더럽다', '불결하다' 라는 뜻이 담겨 있어, 파주시는 당초 대동여지도에 나와 있는 대로 문산의 한자를 '文글월 문'으로 2014년 6월 변경했다.

문산읍에 있는 마을 이름은 대부분 지형이나 그 지역과 연관된 이야기에서 유래된 곳이 많다. 마정리馬井里는 말우물과 관련된 설화에서 유래되었다.

당동리는 문산리에 있는 도당에서 굿을 하기 위해 이곳에서 제사를 지내고 갔다 하여 당동堂집 당, 洞마을 동이 되었다고 한다. 교하동에 있는 당하리堂下는 산신을 모셔 놓은 산신당山神堂 아래 있다 하여 붙여진 것으로 당동과 비슷한 유래이다.

사목리는 모래벌판에 철새와 오리가 장관을 이루었다 하여 사목沙모래 사, 鶩 오리 목으로 불렸다고 한다. 황희정승이 사목리에 반구정을 지어 갈매기를 벗 삼아 여생을 보내고자 했던 아름다운 풍광이 그려진다.

또 선유리는 경치가 아름다워 8선녀가 놀고 갔다하여 선유리仙신선 선, 遊놀 유라 불렀다 한다. 그 아름다운 곳에 한국전쟁 이후 한동안 미군기지가 주둔했었다고 하니 씁쓸하다.

운천리는 구름이 돌아가며 많은 샘이 솟아난다 하여 운천雲구름 운, 泉샘 천으로 불렸다고 한다. 인조 임금의 무덤인 장릉은 처음에 운천리에 있었는데, 뱀이 많이 나와 훗날 탄현면 갈현리로 옮겼다고 한다.

이천리는 홍수에 배나무가 냇물에 떠내려가는 모습을 보고 이천梨배나무 리, 川내 천이라 지었다고 하며, 임진리는 임진臨津나루가 있는 마을이라 하여 지어진 이름이라 한다.

3) 재미있는 파주읍 마을이름
파주읍은 조선 시대 세조의 왕비인 파평 윤씨 정희왕후貞熹王后를 예우하기 위해 파주목坡州牧으로 승격하면서 이름이 붙여졌다. 원래 이곳이 파주목의 읍치邑治, 고을의 행정이 행해지는 관청이 있는 곳로 파주 읍내라는 뜻의 주내州內 · 주내면 · 주내읍이라 부르던 것을 1983년 파주읍으로 변경하였다. 지금도 많은 사람들은 파주읍을 주내라고 부르고 있다.

파주읍에 있는 마을 이름도 대부분 지형이나 지역에서 구전되어오는 설화와 관련된 곳이 많다.

백석리는 가마봉 자락인 무쇠봉이 흰돌로 되어 있어 백석白흰 백, 石돌 석으로 지었다 한다. 봉서리는 봉황이 사는 곳이라 하여 봉서鳳봉황 봉, 棲살 서로 불렀다 하며, 봉암리는 봉화대가 있다하여 봉암烽봉화 봉, 巖바위 암이 되었다 한다. 봉서리와 봉암리는 한자로 그 유래가 완전히 다른 뜻이다,

부곡리는 이 지역을 둘러싼 다섯 개의 산봉우리의 지형이 가마솥처럼 생겼다 하여 가마울, 가말로 불리다, 한자로 부곡釜 가마 부, 谷골짜기 곡이 되었다.

연풍리는 항상 농사가 해마다 대풍을 이루어 연풍延이끌 연, 豊풍성할 풍이라 불리게 되었다 하는데, 영화 〈연풍연가軟風戀歌 보드라운 바람결의 사랑노래〉는 제주도를 배경으로 하는 것으로 아무 관련이 없다.

향양리는 우계 성혼을 흠모하는 사람이 사당을 세워 햇볕을 바라보듯 추앙한다하여 향양向향할 향, 陽볕 양이 되었다.

4) 재미있는 법원읍 마을이름

법원읍은 원래부터 샘재샘고개로 불린 천현泉샘 천, 峴고개 현이라 불렀

다. 그러다가 천현면 법의리와 원기리를 합쳐 법원읍法院邑으로 승격하면서 부르게 되었다. 법의法법 법, 義의로울 의는 법과 의리를 중시한다는 뜻이다. 법원은 재판을 다루는 사법부의 법정과 한자가 똑같지만, 법정이나 재판소와는 아무런 관련이 없다.

갈곡리는 칡이 무성하다 하여 갈곡葛칡 갈, 谷골짜기 곡이 되었다고 한다. 법원읍 갈곡리는 탄현면 갈현리와 같이 칡과 관련된 마을로 유명하다.

가야리는 가좌동의 가와 양야리의 야를 합쳐 加더할 가, 野들 야가 되었다 한다.

대릉리는 대위리의 대와 오릉리의 릉을 합쳐 대릉大 큰 대, 陵 무덤 릉이 되었다고 한다.

금곡리는 일제 강점기 금을 파던 굴이 있다 하여 금곡金쇠 금, 谷골짜기 곡이 되었다고 한다.

동문리는 원래 동막리의 동자와 문평리의 문자를 따서 동문東文이 되었다고 한다.

삼방리는 삼현리의 삼과 둔방리의 방을 합쳐서 삼방三防이라 부르게 되었다 한다.

오현리는 오리동의 오와 차현동의 현을 합쳐 오현梧오동나무 오, 峴고개 현이라 부르게 되었다 한다.

웅담리는 고려 때 장군 윤관의 애첩이던 기생 웅단이 윤관이 죽자 연못에 빠져 따라 죽었다 하여 곰소라 부르다가 웅담熊곰 웅, 潭못 담이 되었다 한다.

직천리는 곧게 으르는 내가 있다 하여 고드내라 불리다가 한자로 직천直곧을 직 川내 천이 되었다.

5) 재미있는 교하동 마을이름

교하동은 백제에서 '천정구泉井口'로 불렸다가 고구려시대에는 '천정구현'이 되었다. 그 후 통일신라 경덕왕 때757년 '교하군'으로 변경하였다. 교하交사귈 교, 河강 하는 임진강과 한강이 합류하여 서해로 빠진다는 뜻이다. 교하는 파주에서 '파평', '장단'과 함께 가장 오래된 지명이다. 2011년 교하읍이 교하동으로 바뀌면서 운정1동, 운정2동, 운정3동으로 분동되었다.

다율동은 밤이 많이 나서 한바미, 한밤으로 불리다가 한자로 다율多많을 다, 栗밤나무 율이 되었고, 대부분이 신도시로 편입되었다.

당하동은 마을의 수호신으로 산신을 모셔 놓은 산신당山神堂 아래에 있는 마을이라 하여 당아래 또는 당하라 불러 당하堂下가 되었다. 문산읍에 있는 당동리는 도당에서 굿을 하기 위해 제사를 지내고 갔다 하여 당동으로 불리데, 당하동과 비슷한 유래이다.

동패동은 심학산 동쪽으로 고양과 경계를 나타내는 말뚝을 설치하게 되자 동쪽에 경계 팻말이 있는 지역이라 하여 동패東동녁 동, 牌패 패라 불리게 되었다. 동패동의 두일 마을은 부자 마을로 마을 사람들이 항상 인심이 좋고 후덕해서 곡식을 줄 때 말곡식을 재는 도구이 넘칠 정도라 하여, 두일斗말 두, 溢넘칠 일이 되었다 한다.

서패동은 동패동과 반대로 심학산 서쪽에 있는 경계라 하여 서패西牌가 되었다. 서패동에 있는 마을 중 심학산 북쪽 한강변에 있는 돌곶이 마을이 있는데, 심학산 장사와 장명산 장사가 누가 돌을 멀리 던지나 돌싸움을 하였는데 장명산 장사는 기운이 없어 심학산 아래에 돌이 떨어졌고 심학산 장사는 장명산까지 던져 심학산 장사가 승리하였다는 이야기가 전해져 오고 있으며, 장명산 장사가 던진 돌이 이

부락에 많이 쌓였다 하여 붙은 이름이 돌곶이이다. 돌산동이라고도 한다.

목동동은 산에 나무들이 울창한 두메산골로 인근 주민들이 모두 여기서 겨울에 쓸 나무를 구하였다 하여 나무골, 남월, 나몰이라고 불리다 한자로 목동木洞이 되었다 한다. 지금은 두메산골 흔적은 모두 사라지고 신도시로 편입되었다.

문발동은 조선 시대 문종이 탄현면에 있는 황희 정승의 장례식에 왔다, 궁으로 돌아가면서 학문을 발전시키기 위해 글월 문文자 들어가는 마을 이름 두 개를 지어 줬는데 그 중 하나의 이름이 문발文글월 문, 發필 발이 되었다 한다. 이곳은 현재 지식산업의 메카인 파주출판도시가 조성된 지역이어서 지명과 잘 어울리는 도시로 성장하고 있다. 문종이 지은 나머지 하나의 마을은 탄현면 문지리이다.

이밖에 산남동은 심학산 남쪽에 있는 마을이라 하여 산남山뫼산, 南남녘 남이 되었다. 산남동에 있는 제2자유로 지하차도는 탑골 지하차도라 하는데, 이 마을에 고려 때 탑이 있어 탑골이라 한데서 유래되었다.

송촌동은 소나무가 많은 마을이라 하여 송촌松소나무 송, 村마을 촌이 되었고, 신촌동은 새로 마을이 생겨 신촌新새 신, 村마을 촌이 되었다.

야당동은 들판 가운데 못이 있다 하여, 들모시, 틀모시로 불리다 한자로 야당野들 야, 塘못 당이 되었다 한다. 야당동에 있는 하우고개는 수백 마리의 학이 날아와 그 모습이 고개와 같다 하여 학현鶴두루미 학, 峴고개 현으로도 불리게 되었다 한다.

교하동 운정 마을은 지금은 운정동으로 독립되었는데, 운정은 샘이 잘 나는 우물 아홉 개가 있어 구우물이라 했는데, 지나가는 사람이 구름우물로 잘못 들어 운정雲구름 운, 井우물 정이 되었다 한다. 그런데 야당동에 있는 구우물이 마을은 산비둘기들이 우물에 내려와 물을 먹었다 하여 한자로 구정동^鳩비둘기 구, ^井우물 정, ^洞마을 동으로 부르는 것으로 보아, 운정동의 지명 유래는 불확실하다. 다만, 마을에 대대로 사는 주민들의 입에 오르내리면서 마을 이름이 지어지는 것이지, 지나가는 사람이 잘못 들은 발음이 마을 이름으로 되었다는 이야기는 이치에 맞지 않아 보인다. 오히려 이 지역에 수렁논이 많고 우물이 많아 안개가 자욱하여 운정이 되었다는 이야기가 더 설득력 있다는 생각이 든다.

연다산동은 안개가 자욱한 작은 산이 많은 지역이라 하여 연다산^煙연기 연,^多많을 다, ^山뫼 산이 되었다 한다.

오도동은 선비들이 스스로 도를 닦았다 하여 오도^吾나 오, ^道길 도라 부르게 되었다 한다.

와동동은 파평 윤 씨들이 많이 살던 곳으로 부자들의 기와집이 즐비하였다고 하여 와동^瓦기와 와,^洞이 되었다 한다. 이 역시 와동으로 간결하게 부르는 게 편할 듯하다. 와동동은 조선 세종 이후 파평 윤 씨 집안에서 임금의 빙부인 부원군 세 명과 공신 부원군 세 명이 생장한 곳으로 그의 자손들이 높은 벼슬길에 올라 기가 하늘에 닿을 정도로 세다 하여 '기세울'로도 불린다.

하지석동은 고인돌^{支石 지석}이 있는 마을 중 아래쪽에 있는 고인돌 마을이라 하여 아래괸들·하지석^{下支石}이 되었다.

상지석동은 반대로 고인돌^{支石 지석}이 있는 마을중 위쪽에 있는 지역으로 윗괸돌로 불리어 상지석^{上支石}이 되었고, 상지석동에 있는 새터말은 새로 터를 잡은 동네라 하여 붙은 이름이다. 지금은 교하동에 분리되어 운정동에 속한다.

설미 · 솔뫼 · 송산 · 솔미는 소나무가 산에 많아 송뫼라 부르다가 세월이 흘러 설미로 변하였다. 지금은 교하동에 분리되어 운정동에 속한다.

소치 雪雉 · 쇠치동은 골짜기에 있는 마을로 꿩이 많이 내려와 보금자리를 마련한 곳이라 하여 소치 巢새집 소. 雉어릴 치 붙은 이름이다. 지금은 교하동에 분리되어 운정동에 속한다.

6) 재미있는 조리읍 마을이름

조리읍은 삼릉 뒤에 있는 공릉산에 뻗은 가지 모양의 산줄기를 따라 마을이 형성되었다 하여 조리 條가지 조. 里마을 리가 되었다 한다.

봉일천리의 유래는 마을 앞을 지나는 공릉천을 조선 시대에는 봉일천이라 불렀는데, 이 지역은 공릉천 바닥보다 지대가 낮아 물난리를 자주 겪게 되자 비를 그치고 해가 뜨게 해달라고 하여 봉일천 奉받들 봉. 日날 일. 川내 천이 되었다고 한다.

봉일천에는 팔학골이라는 마을이 있는데 조선 시대 중종 때 8명의 학식이 있는 선비들이 이곳에서 수학하였다 하여 팔학곡이라고 불리게 되었다고 전해져 오는데, 다른 한편으로는 한명회가 봉일천 공릉, 순릉에 묻힌 두 딸을 가엽게 여겨 이곳에 암자를 짓고 파라승에게 영혼을 달래는 축원을 하였다 하여 파라골이라고도 한다.

뇌조리는 정확한 지명의 유래가 전해지지 않고 있으나 필자가 한자 弩쇠뇌 노. 造지을 조를 뜻풀이 해 보면, '쇠뇌를 만드는 마을'에서 유래된 것으로 유추된다. 쇠뇌란 여러 개의 화살이나 돌을 잇 따라 쏘는 큰 활을 말한다. 뇌조리 인근에는 화살과 창을 만드는 군납창고가 있던 지역이라 하여 고창말·우렁굴이 있는데, 이로 미루어 보아 뇌조리가 쇠뇌를 만드는 곳으로 유추할 수 있다. 그런데 뇌조의 한자의 소리는 노조弩쇠뇌 노, 造지을 조인데 뇌조로 불리게 된 것은 정확히 알 수가 없으나, '쇠뇌 노' 자를 '뇌' 자로 잘못 소리 내어 비롯되었을 가능성도 있다. 뇌조리 인근에는 뇌곡동·소뇌울 등의 '뇌' 자를 쓰는 마을 이름이 있는 것으로 보아 일종의 음운 동화현상이 아닌가 생각한다. 한편 일부에는 뇌조의 한자를 牢우리 뇌 曹무리 조 로 사용하기도 한다.

능안리는 조리읍에 있는 삼릉恭공·順순·永영 중에서 순릉성종의 왕비 릉이 마주 보이는 곳이다 하여 능안陵案말 또는 안능안이라 불리게 되다 한다.

등원리는 지명의 정확한 기원이 알려지지 않았는데, 필자가 한자 등원登院을 뜻풀이 해 보면, 원院의 이름이 붙은 관청에 출석하거나 출두하는 것임을 알 수 있다. 인근에 원院의 이름이 붙은 관청은 광탄면에서 고양시로 넘어가는 혜음령에 있는 혜음원惠蔭院이 있었다. 혜음원은 혜음령이 수목이 울창하여 호랑이와 도적이 출몰해, 행인을 보호하고 편의를 제공하기 위해 고려 시대에 설립해 조선 시대까지 운영한 국립 숙박시설이다. 또 다른 조선 시대 관청은 광탄면 분수리에 있는 역원인 분수원焚水院이 있었다.

오산리는 오동나무가 많은 오릿골과 산山을 합쳐 오산梧山이 되었다 하고, 장곡리는 마을 뒷산에 노루바위가 있던 장산리와 기곡리를 합쳐 장곡獐노루 장, 谷 골짜기 곡이 되었다 한다. 오산리에는 사근절이·속은절이라는 마을이 있는데 여승이 세상 세속을 숨기는 절이라는 뜻의 속은사俗풍속 속, 隱숨을 은, 寺절 사라는 절을 지었는데 '속은사'가 '속은절이', '사근절이' 등으로 바뀐 것이라고 전해져 온다. 다른 이야기로는 이 마을에 4대 독자인 한 아들이 장가들어서 3년이 지나도록 아이가 없자, 부인이 이 절에서 불공을 드리고 피곤에 못 이겨 부처님 앞에서 잠에 빠지자 못된 중이 부인을 겁탈하려 하였다. 남편이 이를 보고 중을 도끼로 내려쳐 죽이고 절은 폐허가 되어 '삭은절'이 되었고 부인은 절 앞에 있는 연못에 몸을 던져 죽었다는 이야기가 전해져 온다.

대원리는 원래 '대원' 또는 '대원리'라 불렸으나 흥선대원군의 군호_{君號. 임금이 내린 칭호} '대원大院'과 같다고 해 '대大'자를 대나무를 뜻하는 '죽竹'으로 고쳐 부르게 해 2000년까지 죽원리로 불리게 되었다 한다. 그러나 발음이 '죽었니'로 읽혀 어감이 좋지 않다는 이유로 '대원리大院里'로 지명을 다시 바꿨다.

7) 재미있는 월롱면 마을이름

월롱면은 월롱산에서 유래한 것으로, 월롱산은 다랑산으로 불리기도 한다. 월은 달을 한자화 하고, 롱은 락-랑이 발음 변화된 것으로 월롱의 의미는 높은 지대를 뜻하는 '다락'일 것으로 보는 해석이 유력하다. 또 다른 이야기로는 산의 모양이 바구니籠바구니 롱에 담긴 달月달월의 모양에서 유래되었다고 전해져 온다

능산리는 산봉우리들의 경관이 아름다워 능 자리를 잡았다 하여 붙여진 능골, 능동陵洞과 당산堂山을 합쳐 능산陵山이 되었다고 한다.

덕은리는 덕옥리와 용은동을 합쳐, 덕은德덕 덕, 隱숨길 은이 되었다 하는데, 인근에 있는 선비들이 고개를 넘나들며 주경야독하여 벼슬길에 오르는 은덕을 입었다 하여 붙은 덕고개에서 유래된 것으로 보인다.

도내리는 도감都監 벼슬을 한 사람이 살았다 하여 도감골이라 하다

가 도내_{都內}로 지어졌다고 한다.

영태리는 정확한 지명 유래가 전해지지 않고 있다. 필자가 추정해 보면, 인근마을 함영동과 한태동에서 영_英과 태_太를 따와 합친 것이 아닌가 추정한다. 함영굴 · 함영동_{含머금을 함, 英꽃부리 영, 洞마을 동}은 봄에는 진달래, 가을에는 해바라기 · 코스모스 · 국화 등이 피고 져서 꽃 향기가 좋고 부귀영화를 머금고 살자는 마을이름이다. 한태말 · 한태동_{寒추울 한, 太클태, 콩 태, 洞마을 동}은 찬바람이 날 때 콩나물을 길러 시장에 내다 팔았다 하여 붙여진 마을이름으로, 태_太자는 서리태, 서목태, 청태와 같이 콩을 표현할 때 사용한다.

영태리에는 공신말, 공수물이라는 마을이 있는데, 인조반정 때 이서 등 반란군이 이곳의 우물을 먹었다 하여 공수라 불린다.

위전리는 갈대밭이라는 뜻으로 옛날에 마을 주변에 갈대가 무성하고 배가 왕래하였는데 그 후 갈대를 베고 마을을 이루었다고 하여 위전_{葦갈대 위, 田밭 전}이 되었다고 한다.

8) 재미있는 탄현면 마을이름

탄현면은 탄포면과 현내면을 합쳐 탄현_{炭숯 탄, 縣고을 현}이 되었다 한다.

갈현리는 칡덩쿨이 많다하여 가루고개, 가루개라 하여 이를 한자로 갈현_{葛칡 갈, 峴고개 현}이라 한다.

금산리는 암절벽과 임진강의 경관이 비단처럼 아름답다 하여 금산_{錦비단 금, 山뫼 산}이 되었다고 한다.

금승리는 월롱산 자락으로 금맥이 있다하여 여기저기 파 보았으나, 파리똥만큼 소량이 매장되어, 쇠파리라 불리우다가 한자로 금승金쇠 금, 蠅파리 승이 되었다 한다.

낙하리는 탄포면 지역으로 임진강 옆에 낙하원洛河院이 있어 붙은 이름이다. 낙하리는 장단을 거쳐 개성으로 가는 길목이다.

대동리는 임진강가에서 가장 큰 마을이라 하여 큰골, 대동大클 대, 洞마을 동이 되었다 한다.

만우리는 임진강가의 큰 모퉁이어서 붙은 만우萬클 만, 隅모퉁이 우라 불렀다 한다.

문지리는 조선 시대 문종이 황희 정승의 장례식에 왔다가 궁으로 돌아가면서 황희 정승의 문학과 지혜를 넓히자는 뜻에서 '글월 문文' 자가 들어가는 마을 이름 두 개를 지어 주었는데 그 중 하나의 마을이 문지文글월 문, 智지혜 지가 되었다 한다. 나머지 하나는 문발동이다.

법흥리는 큰 절이 있어 법회를 자주 열고 불법을 흥하게 했다 하여, 법흥法興이 되었다는 이야기와 황희의 뜻을 따라 법을 준수하는 데 앞장서자고 하여 붙은 이름이라는 이야기가 전해지고 있다.

성동리는 오두산성이 있는 마을이라 하여 성동城洞이 되었다 한다.

오금리는 조선 시대 좌찬성지금의 부총리급 벼슬까지 한 박중손이 사망하자 지관이 묘지를 물색하던 중 까마귀 우는 소리가 들려 길지를 찾았다. 훗날 이 지역은 지관이 까마귀가 울기 전까지 명당을 찾지 못한 자신의 눈을 질책하며 '나의 눈을 원망하다'라는 뜻의 질오목叱꾸짖을 질, 吾나오, 目눈 목이라는 마을이 되었고, 까마귀가 울던 자리는 오고미烏까마귀 오, 告알릴 고, 美아름다울 미 마을로 불리다가, 두 마을을 합쳐 오금리吾金里가 되었다 한다. 한편, 오금리에는 옛날 탄포면의 소재지인 '탄포炭숯 탄, 浦물가 포'가 있는데 토탄土炭이 많이 나는 포구라 하여 생긴 이름이다.

축현리는 예로부터 싸리나무가 많이 나서 싸리고개라 불리었는데, 이를 한자로 옮기면서 유현杻싸리나무 유, 峴고개 현으로 되었는데, 싸리나무 유杻를 축표소 축으로 잘못 불려져 축현리가 되었다고 한다. 축현 2리에는 실제로 싸리골이 있다.

9) 재미있는 광탄면 마을이름

광탄면은 양주군에서 흘러내린 물이 넓은 여울로 형성되어 있어 한자로 광탄廣넓을 광, 灘여울 탄이 되었다 한다.

기산리는 기곡리와 중산리를 합쳐, 기산基山이 되었다 한다.

마장리는 연산군 때 군마를 집결시켜 사육하고 기마 훈련장으로이용했다 하여 마장馬場이 되었다 한다.

발랑리는 뒷골짜기에 절이 있어 중들이 바랑을 맸다 하여 바랑골, 바랑동, 발랑동이라 불리다가 한자로 발랑發郎이 되었다고 한다. 발랑發郎은 한자의 뜻과는 무관한 소리를 빌려온 가차假借문자로 해석된다.

방축리는 홍수 피해를 막기 위해 쌓은 방축이 있다 하여 방축防막을 방, 築쌓을 축이 되었다 한다.

분수리는 역원인 분수원이 있어 붙은 이름으로, 분수汾클 분, 水물 수는 임진강과 한강으로 흘러가는 물이 기원한다는 의미이다. 고려 시대 공민왕과 노국공주가 홍건적의 난을 피하여 남쪽으로 도망가는 길에 분수원에 이르렀다고 한다.

신산리는 신점리와 화산리를 합쳐 신산新山이 되었다 한다. 신산리에는 신탄막新炭幕·새숯막이라 불리는 마을이 있는데, 임진왜란 당시 선조가 의주로 피신하다가 큰비를 만나 비를 피하고 불을 지피는데, 장작이 젖어 타지 않자 이 곳 사람들이 참나무 숯을 지펴 옷을 말리고 몸도 녹였다고 한다. 이 광경을 지켜본 선조가 '이 숯은 처음 보는 새로운 숯新새 신, 炭숯 탄'이라 하여 신탄이 되었다고 한다.

영장리는 고령리와 웅장리를 합쳐 영장靈신령 령, 場마당 장이 되었다 한다. 영장리에는 대고령이라는 마을이 있다. 임진왜란 당시 많은 승병들이 죽어 영산靈신령 령, 山뫼 산으로 부르다가 소령원이 생긴 이후 고령산古靈山으로 개칭하였다. 이후 수많은 영혼이 묻혔다 하여 대고령大古靈이라 부르게 되었다고 전해져 온다.

용미리는 아홉 마리의 용이 꿈틀거리는 것 같다 하여 붙은 구룡리와 호랑이의 꼬리 부분에 같다 하여 붙은 호미골을 합쳐 용미龍용 룡, 尾꼬리 미가 되었다 한다.

창만리는 창고가 있다 하여 붙은 사창리와 두만리를 합쳐 창만倉滿이 되었다 한다. 창만리에는 도마뫼라는 마을이 있는데 금병산 남쪽에 솟은 산의 형세가 도원수都元帥, 전쟁에서 군대를 통솔하는 사람가 천군만마千軍萬馬를 거느리는 모습과 같다 하여 '도都'자와 '마馬'자를 따서 붙인 이름이라고 한다.

10) 재미있는 파평면 마을이름

파평면은 고구려 장수왕 때 파해평사현坡害平史縣이라 하였고 신라 경덕왕때 파평현坡언덕 파, 平평평할 평, 縣고을 현으로 개칭되었는데 평평한 언덕이라는 뜻이다.

금파리는 철광석이 나온다 하여 쇠말로 불리는 금곡리金谷里와 긴 등마루골로 불리는 장파리長波里를 합쳐 금파金坡라 하였다.

늘노리는 늪이 있었다 하여 붙여진 이름이라고 한다.

덕천리는 해마다 풍년이 들어 인심이 후하고 사람들이 덕망이 있다 하여 이름 붙은 풍덕리豊풍년 풍, 德덕 덕, 里마을 리와 가물어도 샘이 솟아 냇가에 물이 흐른다 하여 이름 붙은 천천리泉샘 천, 川내 천, 里마을 리를 합쳐 덕천德泉이라 하였다.

두포리는 생육신의 한 사람인 문두文斗 성담수사육신 성삼문의 6촌 동생가 살았다 하여 이름 붙은 두문리와 임진강가에 포구가 줄지어 늘어서 있다 하여 이름 붙은 장포리를 합쳐 두포斗浦가 되었다고 전해진다.

마산리는 마을 앞 모래밭에 삼밭이 있어 이름 붙은 마사리麻삼 마, 沙모래 사와 마을 앞산이 용처럼 생겼다 하여 이름 붙은 용산리龍山를 합쳐 마산麻山이 된 것으로 전해진다.

율곡리는 밤나무가 많아 밤나무골, 밤골로 이름 붙어 율곡栗밤 율, 谷골짜기 곡이 되었고, 율곡 이이의 호가 유래된 마을이다.

장파리는 긴등마루에 마을이 있어 긴등마루골, 장마루, 장파長波로 이름이 붙여졌다고 전해진다.

11) 재미있는 적성면 마을이름

원래 적성積城이라는 지명은 성城을 쌓는다積쌓을 적는 뜻으로, 고구려때 칠중현七重縣으로 불리다가, 신라 경덕왕 때 중성현重城縣으로 개칭하고, 고려 현종1018년 때 적성현積城縣으로 불려져, 오늘날까지 1천

년을 이어오고 있다.

가월리는 칠중성의 돈대墩臺, 성곽에 총구나 봉수대를 갖춘 방위시설에서 군졸들이 망을 볼 때 강물에 비친 달이 아름답다 하여 가월佳아름다울 가, 月달 월이 되었다고 전해진다.

주월리는 고려 공민왕이 궁녀를 거느리고 배 타고 달구경했다 하여 주월舟배 주, 月달 월이 되었다고 전해진다. 주월리는 한배미큰논라 불리기고 한다. 주월리는 영어 발음이 jewelry보석와 비슷해 여러모로 인상 깊은 지명이다.

답곡리는 답곡리는 논이 많은 골짜기여서 논골로 이름이 붙여져 한자로 답곡畓논 답, 谷골짜기 곡이 되었다고 하며, 한국전쟁 이후 지금은 사람이 살지 않고 대부분 식현리에 거주한다. 답곡리 흰돌 마을에 말무덤 또는 마씨 일가 무덤이라 불리는 마총馬塚이 있다.

두지리는 마을의 생김새가 두지뒤주의 사투리처럼 생겼다 하여 붙은 이름이다.

마지리는 마을 지형이 마디처럼 생겼다 하여 '마디리'라 했는데 발음이 '마지리'로 바뀌었다는 이야기와 당나라 장수 설인귀가 말발굽을 휘날릴 정도로 다녀 마제馬말 마, 蹄발굽 제라 불리다 발음이 변했다는 이야기가 전해져 오고 있으며, 임꺽정 전설이 있는 곳이다.

무건리는 당나라 장수 설인귀가 무예를 익힌 곳이라 하여 무건武무예 무, 建세울 건이 되었다고 전해져 오고 있으며, 감나무가 많은 감골 마을과 천연기념물 제286호인 수령 500년 된 물푸레나무가 유명하다.

설마리는 당나라 장수 설인귀가 말을 타고 훈련했다 하여 설마雪馬가 되었다는 이야기와 설마설마 했는데 사기瓷그릇 굽는 마을에 갔다가 사기詐欺당하고 왔다는 이야기가 전해져 오고 있다설마리는 사기그

릇을 많이 구웠다고 전해진다.

식현리는 예로부터 밥을 먹는 넓은 바위가 있는 고개라 하여 밥재, 밥고개라고 불리어 이를 한자로 옮기면서 식현食 밥 식, 峴고개 현이 되었다고 한다.

객현리는 예로부터 선비가 지나가는 고개라 하여, 선비고개, 선고개, 손님고개라 불리어 이를 한자로 옮겨 객현客 손님 객, 峴 고개 현이 되었다 한다.

어유지리는 임진강 근처 용못에 살았던 이무기를 물고기에 비유해 물고기가 놀던 연못이라 하여 어유지魚물고기 어, 遊놀 유, 池못 지로 붙여졌다고 전해지고 있다. 그러나 지금은 못은 보이지 않는다.

율포리는 밤나무가 많은 포구라 하여 밤개라 불리다 한자로 율포栗浦가 되었다고 전해진다.

자장리는 임진강변에 자줏빛 찰흙이 많다 하여 자장紫자줏빛 자, 長길 장으로 불린다. 장좌리는 장단군 지역으로 장자못이 있어 붙은 이름인데, 휴전 이후 군사 지역이라 사람이 살지 않고 농사만 짓고 있다.

장현리는 장평리墻坪里와 송현리松峴를 합쳐서. 장현墻峴이 되었다고 한다.

적암리는 마을 입구에 들어오는 門바위 색이 붉다 하여 적암赤붉을 적, 岩바위 암이 되었다고 한다.

12) 재미있는 군내면 마을이름

군내면은 원래 장단군 지역으로, 읍내에 있다 하여 진현내면으로 불리다가 일제 강점기에 군내郡內가 되었다. 민통선 이북 지역이지만

1972년 육군 제1사단 제대 군인 14명이 영농을 시작하면서 민간인 거주하였고, 통일촌을 형성하였다.

방목리는 구전이 특별히 전해져 오는 것은 없지만 한자의 뜻을 글자대로 해석하면 꽃다울 방芳 나무 목木으로 아름다운 나무들이 많은 마을로 해석된다.

백연리는 구전이 특별히 전해져 오는 것은 없지만 한자의 뜻을 글자대로 해석하면 흰 백白 연꽃 연蓮으로 흰 연꽃이 있다하여 생긴 것으로 추정된다. 임진각 독개다리의 유래가 되는 독개방축골이 있는 마을이다.

송산리는 소나무 송松 뫼산山으로 소나무가 많아서 생긴 마을이고, 읍내리邑內里는 읍 안에 있다 하여 생긴 마을로 보이며, 점원리는 점희릉리點希陵里의 점點자와 원당리元堂里의 원元자를 따서 붙인 이름이다. 정자리亭子里는 정자포 가에 자리하고 있어 붙은 이름이다.

조산리는 조산造山 인근에 있다 하여 붙여진 이름이고, 민통선 이북 지역 중 비무장지대DMZ에 있는 유일한 마을인 대성동 자유의 마을이 있다.

13) 재미있는 장단면 마을이름

장단면은 고구려 때 장천현이라 하다 신라 경덕왕 때 장단이라 불리게 되었다. 장단은 지명 유래에 대해 구전이 특별히 전해져 오는 것은 없지만 한자의 뜻을 글자대로 해석하면 장천長길 장, 淺얕을 천과 장단長길 장, 湍여울 단에 있는 공통점은 바닥이 얕거나 폭이 좁아 물살이 세게 흐르는 여울이 기다랗게 있다는 의미로 해석된다.

강정리는 강연리와 굴정리를 합쳐 강정^{江井}이 되었고, 거곡리는 거로리와 금곡리를 합쳐 거곡^{巨谷}이 되었다.

노상리는 갈대^{가루개} 위쪽에 있는 마을이라 하여 윗가루개라 불리던 것을 한자로 노상^{蘆갈대 로, 上윗 상}이 되었다. 반대로 노하리는 아랫가루개라 하여 노하^{蘆下}가 되었다.

도라산리는 신라가 고려에 패망할 때 항복한 신라 경순왕이 산마루에 올라가 신라^{新羅}의 도읍^{都邑}을 그리워하고 눈물을 흘렸다고 하여 '도라^{都羅}'라 이름 붙여졌다고 전해진다.

동장리는 장터 동쪽이라 하여 동장^{東동녘 동, 場마당 장}이 되었고, 석곶리는 이 지역에 곶^{串, 바다로 돌출한 육지 끝단}이 있어 생긴 이름이고, 정동리는 큰 우물이 있어 우물골이라 하여 정동^{井洞}이 되었다.

14) 재미있는 진동면 마을이름

진동면은 읍내 동쪽, 나루터 동쪽이라 하여 진동^{津東}으로 이름 붙여졌다.

동파리는 동쪽 언덕이라는 뜻으로 동파골^{東坡}로 불리다가, 한국전쟁 이후 사람이 살지 못했으나 2000년대 '해마루 촌'을 새롭게 조성하면서 사람이 정착하였다. '해마루 촌'은 동쪽 해 뜨는 마루^{언덕 坡}라는 뜻이다. 서곡리는 전해져 오는 구전이 특별히 없지만 한자의 뜻을 글자대로 해석하면 상서로울 서^瑞, 골짜기 곡^谷으로 복되고 좋은 일이 일어날 기운이 있는 마을이란 뜻으로 설명될 수 있다.

용산리는 주위의 산이 용처럼 생겨 용산이 되었고, 초리는 지형이 초리^{꼬리}처럼 생겨 붙여진 이름이다.

하포리는 임진강가 아래쪽에 있다하여 아랫개라 불리다 하포下浦
가 되었다.

진서면은 읍내 서쪽, 나루터 서쪽이라 하여 진서라 이름 붙여졌
다. 진서면은 금능리와 어룡리가 있으나 한국전쟁 이후 사람은 살
지 않는다.

6.
신도시와 마을이름

파주시는 신도시 조성으로 주거환경, 도로망, 대중교통, 철도 등 도시기반 시설이 눈에 띄게 변하고 있다. 말 그대로 뽕나무 밭이 푸른 바다로 변한다는 상전벽해의 눈부신 변화를 경험하고 있다.

운정동 가람마을이 있는 지산중학교 부근은 신도시 조성 이전에 대부분이 산이었다. 산을 파내고 그 자리에 대규모 아파트와 학교, 공원, 행복센터가 들어섰다. 한빛마을 주변은 이전에 각종 공장단지들과 창고가 많았다. 지금은 신도시 건설 이전부터 있던 지학사 물류창고와 예수마음배움터 성심수련원 외에는 모두 아파트와 학교, 도로와 공원으로 탈바꿈되었다. 한울마을 자리는 개발 이전에는 경기인력개발원 뒤쪽으로 전체가 하나의 언덕과 산자락이었다.

그렇다면 신도시 마을이름은 어떻게 지어졌을까?

마을이름과 공원이름 등 공공시설 명칭은 '파주시 지명 등의 명명에 관한 조례' 제18조에 따라, 파주시지명위원회에서 결정한다. 운정신도시 마을이름 명칭은 한국토지주택공사에서 외부 전문기관에 지역의 상징성과 역사성, 신도시와의 조화, 간편한 목적지 찾기, 마을의 동질성 등을 고려한 용역을 의뢰해 기본 명칭안을 만들었다. 이를 바탕으로 주민으로부터 명칭공모를 받는 등 주민의견 수렴을 거쳐 파주시지명위원회에서 2009년 3월 5일 결정하였다3월 13일 확정 고시.

지명위원회에 제안된 5개 마을 명칭은 2가지 안이 제시되었다. 제1안은 산내마을, 누리마을, 가람마을, 한울마을, 해솔마을 등 5개의 우리말 이름이 제안되었다.

산내마을은 과거 이곳이 나무가 울창한 산골이었다는 점에 착안한 우리말 이름이다. 누리마을은 세상을 뜻하는 우리말 이름으로 이 지역이 예로부터 기세울로 불린 점을 착안해, 세상에 기세를 떨치라는 의미이다. 가람마을은 강 또는 호수를 뜻하는 우리말 이름이다. 한울마을은 바른, 진실한의 뜻이 있는 '한'과 울타리, 터전을 의미하는 '울'을 합친 우리말로 이 지역이 이전부터 고양시와 경계지로서 동패리라 불린 점을 착안했다. 해솔마을은 해가 걸린 소나무란 뜻으로 영원히 푸르게 빛나라는 의미로 지은 우리말 이름이다.

제2안은 수림마을, 연지마을, 천정마을, 담향마을, 석정마을 등 5개의 한자식 이름이 제안되었다. 수림마을은 푸르도록 무성한 숲을 이루고 있었다는 점에 착안한 한자식 이름이다. 연지마을은 연못을 뜻하는 말로서 야당이라는 옛 지명을 응용한 한자식 이름이다. 천정

마을은 교하의 옛 이름인 천정구현泉井口縣에서 따온 말로 샘터에 세운 우물이라는 뜻의 한자식 이름이다. 담향마을은 은은한 향이 난다는 뜻의 한자식 이름으로 문화의 향기를 퍼뜨리라는 의미이다. 석정마을은 이 지역에 돌로 만든 우물이 있었다 하여 붙여진 돌정골이라는 옛날 이름을 한자식으로 변형시킨 것이다.

지명위원회 심의 결과는 대체로 순수 우리말 이름을 선호했다. 제1안 중에서 누리마을이 탈락하고 대신 한빛마을이 선정되었다. 그리고 당초 해솔마을로 제안되었던 곳은 한빛마을이 되었고, 누리마을로 제안되었던 곳이 해솔마을이 되었다.

이와 더불어 이날 공원 이름도 결정되었는데, 마을이름과 마찬가지로 대부분 순수 우리말 이름이 선정되었다.

가온호수는 가운데라는 뜻의 순우리말 이름으로, 신도시 내 중앙공원임을 부각시키자는 의미이다. 소치호수는 이 지역에 있던 마을 이름이 꿩이 많아 둥지를 마련한 곳이라는 뜻의 소치巢새집 소, 雉꿩 치에서 따온 이름이다. 가온건강공원은 가운데라는 뜻의 순우리말인 가온과 체육공원임을 부각시키기 위해 만든 이름이다.

새암공원은 샘이라는 의미의 우리말 이름이다. 라온 공원은 즐거운이라는 뜻의 순우리말이다. 두레공원은 농촌에서 서로 협력하여 공동 작업을 하는 두레 풍습을 뜻한다. 혜움 공원은 생각이라는 뜻의 순우리말 이름이다. 도래공원은 돌다, 둥글다는 뜻의 우리말로 사물의 둘레를 의미하며, 파평 윤씨 선산의 둘레와 연계하는 데 착안한 것이다. 오름공원은 하늘에서 해가 타올라 모든 생물의 에너지가 절정에 오르는 정열을 의미한다.

세모뜰공원은 삼각형 모양의 둔덕 모양이라는 것에 착안한 이름이다. 여울공원은 얕고 좁은 개울을 뜻하는 우리말로 공원 내 수로가 만들어지는 데 착안한 이름이다. 해마루공원은 해 뜨는 언덕이라는 뜻의 우리말 이름이다. 미리내공원은 은하수를 뜻하는 순수 우리말 이름이다.

가재울공원은 이 지역 와동3리와 목동리 방향의 골짜기 이름이 가재울로 불린데 착안한 명칭이다. 금잔디어린이공원은 이 지역 마을 이름인 '지산'이 잔디가 많다는 뜻인데 착안하여 붙인 명칭이다. 마루어린이공원은 이 지역 이름이 마루골로 불린데 착안해서 붙인 이름이다. 금바위어린이공원은 이 지역에 있는 검은색의 아름다운 바위가 있다는 뜻의 자연마을 이름에서 따온 것이다.

한편 3년 후 운정 신도시 주민들이 입주한 이후 몇 몇 공공시설은 한 차례의 개명 절차를 거쳤다. 파주시지명위원회는 주민들의 개정 요구에 따라 가온호수와 소치호수는 운정호수로 통합하고, 가온호수공원은 운정호수공원으로, 가온건강공원은 운정건강공원으로, 교하가람행복센터는 운정행복센터로 각각 명칭 변경하는 안건을 2012년 12월 12일 의결하였다.

교량 이름 중에서 소리교는 야당역과 운정역을 거쳐 남북으로 흐르는 개천 '소리천'에서 따온 것이다. 두가람교는 교하라는 말을 우리말로 변형한 것으로 '두 개의 강 가람'이라는 의미이다. 가온교는 신도시의 중심에 위치하는 경관 교량으로 상징성을 부여한 것이다. 책향기교는 책향기로와 소리천이 교차하여 붙인 이름이다.

보행육교 이름 중에서 한밤육교는 이 지역이 밤나무가 많아 율리라 불리던 자연마을 이름에서 따온 것이다. 한매육교는 이 지역이 예전부터 매화나무가 많았다는 데서 착안한 것이다. 오솔육교는 좁고 호젓산 길을 뜻하는 오솔길에서 따온 말이다. 한길육교는 상업지역의 큰 길, 중심대로라는 의미에서 붙인 것이다.

지하차도는 대부분 신도시 마을이름과 연계하여 이름을 지었는데 그 중에서 기왓돌 지하차도는 이 지역이 기왓돌을 굽던 지역이라 하여 붙여진 와석瓦石에서 따온 말이다.

금촌동은 대부분 옛 이름을 따서 후곡마을, 흰돌마을, 새꽃마을, 쇠재마을, 서원마을 등으로 지어졌다. 교하동은 대부분 새로운 이름인 책향기마을, 숲속길마을, 노을빛마을, 청석마을 등으로 지어졌다.

그런데 전통마을이 택지 개발 등으로 개발되면서 고유의 역사적 명칭이나 지역 특색을 띤 고유 이름들이 사라지고 있는 현실에 대해 안타깝게 생각하는 분들이 있다. 대대로 그 지역에서 뿌리를 내리고 살아온 주민들을 비롯해 향토사학과 지역 전통문화 등 인문학을 연구하는 분들은 허전함을 감추지 않는다.

파주 출신 사학자 이윤희 선생은 마을 이름이 새롭게 고쳐져 모두가 부르기 좋고 예쁜 이름들이지만, 바둑판식으로 구획된 큰 마을 이름들이 옛날부터 불려온 수백 개의 크고 작은 자연마을 이름들을 모두 삼켜 버려 허탈하다고 한다.

7.
독특한 도로 이름과 의미

파주시에는 총 1,065개의 도로 이름이 있다. '대로'는 유일하게 동서대로 1개가 있고, '로'는 133개가 있으며, '길'은 932개가 있다 '길'에는 '○번길', '□번길' 같은 작은 길도 포함한다.

파주시의 도로명은 '감악산로 감악산', '해솔로 해솔마을', '율목길 율목동'과 같이 인근에 있는 고유지명 또는 지형지물에서 따온 이름이나, '혜음

> **도로명 결정**
> 도로명은 도로가 위치한 곳의 지명과 지역적 특성, 역사성, 상징성과 지역 주민의 의견 수렴 등을 종합적으로 고려하여 파주시의 '도로명주소심의위원회'의 심의를 거쳐 파주시장이 결정한다. '대로'는 8차로 이상, '로'는 2차로에서 7차선까지, '길'은 '로'보다 좁은 도로를 말한다.

로 고려 시대 혜음원'와 같이 역사적 배경을 쉽게 유추해 볼 수 있는 이름이 대다수이다. 그리고 인근 지명이나 역사성과는 무관하지만, 주민들이 부르기 쉬우면서 예쁜 이름으로 상징성과 환경 친화성을 중시한 도로명도 눈에 띈다.

그러나 몇몇 도로명은 순수 우리말이기 한데 단순히 어감을 목적으로 한 것 아니라, 일부 지역에서만 알려진 독특한 사연을 배경으로 해서 지은 것으로 사연을 알지 못하는 사람들에게는 생소하고 낯설게 다가올 수도 있다.

독특하고 재미있는 도로 이름과 그 유래를 소개하면 다음과 같다.

1) 금촌동에 있는 도로명

금월로는 금촌동과 월롱면을 잇는 도로의 이름인데, 금촌의 '금' 월롱의 '월' 첫 글자를 합하여 명명한 것으로 지역 화합을 위한 끈끈한 유대감이 읽혀진다.

노루마당길은 검산동에 있는 고유지명으로, 노루가 많고 넓은 터가 있어 붙여진 이름이라고 하는데, 순수 우리말로 이름을 지으니 멋지고 운치 있는 길 이름이 되었다.

찬우물길은 검산동에 있는 고유지명으로 월롱산 밑에 우물이 있는데 여름에도 이가 시릴 정도로 차고 겨울에는 따뜻하였다고 하여 붙여진 이름인데, 한자가 고급문자라는 비뚤어진 인식이 지배하던 옛날 같으면 냉정(冷井)길이 될 뻔했다.

장터고개길은 맥금동에 있는 고유지명으로, 예전에 장터가 서는 곳이라 하여 붙여진 이름이다.

금물다리길은 맥금동에 있는 고유지명으로, 달에 비친 다리가 마치 비단같이 아름다운 찬란한 광경을 자아낸다고 하여 유래되어 붙여진 이름이다.

안산말길은 아동동에 있는 고유지명으로 마을산 안쪽에 있다 하여 붙여진 순수 우리말 이름이다.

앞골길은 아동동에 있는 고유지명으로 옛날 교하현청이 있어 아골이라 하였는데 오늘날 앞골로 씌어졌다 하여 붙여진 순수 우리말 이름이다.

독암길은 금능동의 고유지명인데, 벌판 가운데로 내려온 곳에 암석이 우뚝 서 있어 붙여진 한자식 이름이다.

가나무로는 금촌동에 가나무가 많았던 지역이라 해서 붙여진 이름이다.

황골로는 금촌동에 생수가 없는 황무지 능선을 둘러 싼 골짜기에 있어 붙여진 이름이다.

금빛로는 금촌의 금과 빛이 더해진 이름으로 금빛 찬란한 금촌의 번영과 미래를 상징하는 이름이다.

번영로는 금촌동 상가 번영을 위해 상징적으로 부여한 이름이다.

문화로는 금촌동 거리 문화 축제가 있어 상징적으로 지은 이름이다.

금정로는 옛날 시장 한가운데 유명한 우물이 있어서 붙여진 한자식 이름이다.

강천길은 금촌동의 지형적 특성으로 주변에 강이 있어 붙여진 한자식 이름이다.

독점말길은 금신초등학교 옆 야동동의 고유지명으로 용산골에 관아가 있을 당시 장터였다고 하며, 한국전쟁 이후 옹기그릇^{장독}을 만들어 팔던 곳이라 해서 붙여진 이름이다.

한마음길은 금촌동 이웃 간에 한 뜻을 이룰 수 있기를 바라는 마음에서 부여한 상징적인 이름이다.

원앙길은 금촌동 산림조합 인근 도로명으로, 주변에 있는 예식장에서 착안해 상징적으로 지은 이름이다.

천수골길은 아동동 고유지명으로 장수를 누린다는 의미로 붙여진 이름이다.

마음밭길은 금촌동에 있는 밭을 미화시켜 상징적으로 지은 도로 이름이다.

정담길은 아동동에 있는 도로로, 아파트와 상가 주택이 밀집되어 밝은 이미지에 맞는 상징적인 이름이다.

2) 문산읍에 있는 도로명

칠정말길은 문산읍 선유리에 있는 고유지명으로 일곱 개의 좋은 우물이 있었다고 하여 붙여진 이름이다.

독서울길은 문산읍 선유리 고유지명으로 쌍백당 이세화가 안장되고 숙종이 이곳을 다녀간 후, 서당을 건립하고 독서에 전념하였다고 하여 붙여진 재미있는 이름이다.

장승배기로는 문산읍 고유지명인데, 옛날 의주로 가는 길목에 장승이 서 있었다고 해 붙여진 이름으로 장승배기로는 전국 여러 곳에서 사용하는 지명이다.

벌판말길은 벌판에 자리하고 있는 마을에서 따온 순수 우리말 이름이라고 한다.

문향로는 문산은 문향의 도시라는 이미지에 적합하여 부여한 상징적 이름이다.

독산로는 문산읍 고유지명으로 문산포구 위의 산정산으로 낙하리 주변의 절경을 볼 수 있는 관망대를 많은 사람이 오르내려 헐벗은 모양의 산이 되었다고 하여 붙여진 이름이다.

개포래로는 문산역 앞 제방 옆에 있는 마을인 개포래 마을에 따온 고유지명 이름이다.

봉미로는 문산 지역 고유지명인데, 소나무가 울창하고 경관이 아름다워 봉황이 놀았다고 해 붙여진 이름이다.

충의로는 문산읍 운천리 고유지명으로 조선 시대 인조 임금의 극진한 사랑을 받던 신하들이 이곳에 거처하면서 참배와 수호를 충실히 받들어 붙여진 이름이다.

널다리길은 문산읍 고유지명으로 샛개울에 널판다리를 설치하고 건너다녔다고 하여 붙여진 재미있는 우리말 이름이다.

3) 파주읍에 있는 도로명

술이홀로는 고구려시대 파주읍을 부르던 옛 이름인 술이홀에서 따온 순수 우리말 이름이다.

바리골길은 파주읍에 있는 고유지명으로 용이 꿈틀대며 일어난 곳이라 하여 붙여진 이름이다.

돈유로는 파주읍에 있는 고유지명으로 유람객이 배내개울을 지나 이곳 산에 올라 돈독하고 흥겹게 놀았다고 하여 붙여진 한자식 이름이다.

벌말길은 파주읍 고유지명으로 파주역이 생긴 후 새로 생긴 벌판 가운데 있다고 하여 붙여진 재미있는 이름이다.

교육길은 파주읍 연풍리에 있는 도로이름으로, 민방위 교육장이 있어 붙여진 상징적인 이름이다.

주락길 파주읍 연풍리에 있는 고유지명으로 옛날 주막거리로 술을 마시고 즐겼다고 하여 붙여진 재미있는 한자식 이름이다.

함박꽃길은 파주읍 연풍리에 있는 도로이름으로 환경 친화적인 의미를 부여하고자 지은 이름이다.

장구채길은 파주읍 연풍리의 도로 이름으로 환경 친화적인 꽃 이름을 부여한 도로명이다.

섬다리길은 파주읍 연풍리의 고유 지명로 두꺼비 모양의 징검다리가 있던 새로 생긴 마을 이름에서 따온 것이다.

거북뫼길은 파주읍 연풍리의 고유지명으로, 거북이 물을 먹는 형상이라 붙여진 이름이다.

파발로는 파발관헌들이 묵었던 숙소가 있었던 곳으로 상징적으로 붙여진 이름이다.

오봉골길은 파주읍 연풍리 고유지명으로 봉우리가 다섯 개인 오봉산 밑에 자리하고 있어 붙여진 이름이다.

가마울길은 파주읍 부곡리 고유지명으로 마을 뒤를 둘러싼 다섯 개의 봉우리가 마치 가마솥을 걸어 놓은 듯 하며 가운데 주봉은 아궁이 같다고 하여 붙여진 이름이다.

여울길은 파주읍 부곡리에 있는 고유지명으로 개울 바닥이 넓다고 하여 붙여진 이름인 넓은여울을 간략히 줄여 지은 이름인데, 아마도 광탄넓은여울과 중복을 피하기 위한 것이 아닌가 생각한다.

학당말길은 파주읍의 고유지명인데, 봉서산이 동쪽으로 뻗어 내린 자락에 서당이 있어 붙여진 이름이다.

오가리길은 파주읍의 고유지명에서 유래했는데, 오가리나무가 무성하였다고 하여 붙여진 이름이다.

정자말길은 파주읍 백석리 고유지명으로 신치복辛致馥이 파주목사로 있을 때 그의 아버지인 신태동辛泰東이 정자를 세운 데서 유래했다.

아랫도장길은 파주읍 백석리 고유지명으로 무쇠봉하에 장사가 나와, 건너편 산하 웅덩이에서 나온 용마를 타고 도망갔다고 하여 붙여진 이름이다

주라위길 파주읍 고유지명으로 줄바위가 있어 붙여진 것이며, 마을을 둘러싼 산의 형세가 돌배 모양이라 붙여진 이름이다.

현암말길은 파주읍 고유지명인데, 주위 산에 있는 바위가 줄무늬로 아름답게 깔려 붙여진 이름이다.

샛봉우재길은 파주읍 고유지명으로, 뒷산에 봉화재가 있었다고 하여 붙여진 이름이다.

잠방골길은 파주읍 향양리 고유지명인데, 임진왜란 때 권율이 봉서산에 진을 치고 마을 앞에 제방을 쌓았으나 홍수가 나면 제방이 넘쳐 물에 잠긴다 하여 붙여진 이름이다.

충현로는 파주읍 봉서리와 문산읍 선유리까지 있는 도로로, 양주목사 김덕경과 그의 며느리 신평 송 씨의 후손들이 충신 열녀각을 세워 추모하기 위해 또는 통일공원 안에 호국영령을 기리는 비가 있어 상징적으로 지은 이름이다.

4) 법원읍에 있는 도로명

수작골길은 법원읍 웅담리 고유지명으로 무건리 여러 골짜기에서 흐르는 맑은 내울이 이곳에 합류하여 많은 물이 고여 눌노천으로 내려간다고 하여 붙여진 이름이다.

버들뫼길은 법원읍 고유지명으로 마을 뒷산에 버드나무를 많이 심어 붙여진 이름이다.

물푸레나무길 인근에 천연기념물 제286호인 물푸레나무가 있어 붙여진 이름이다.

만월로는 법원읍 직천리 고유지명으로 뒷산이 보름달 같은 형체라고 하여 붙여진 이름이다.

곰시길은 법원읍 웅담리 고유지명으로 옛날 윤관 장군 애첩 웅녀가 연못에 빠져 죽었다고 하여 붙여진 이름이다.

지내울길은 법원읍 마산리 고유지명으로 임진왜란 때 왜적이 사람이 살지 않는 곳으로 여겨, 그냥 지나쳐 가버린 마을이라 하여 붙여진 재미있는 우리말 이름이다.

배머리길은 옛날에 배가 이 마을까지 들어왔다고 하며, 풍수지리에 따르면 배 머리에 해당한다고 하여 붙여진 도로이름이다.

못말길은 옛날 큰 부자가 살아 연못을 파놓고 고기를 기르고 연못가에 화려한 수양버들과 꽃나무들을 많이 심었다고 하여 붙여진 이름이다.

화합로는 법원읍을 지나는 큰 도로이름으로 파주시, 양주시, 포천시 3개시의 화합을 이루자는 의미로 지은 이름이다.

칡울길은 법원읍 갈곡리 고유지명으로, 이 지역에 칡덩굴이 번창하여 칡으로 울타리를 하였다고 하여 붙여진 우리말 이름이다.

초리골길은 법원읍 초리골 골짜기에 잡초가 길길이 우거져 풀이 많아 붙여진 이름이다.

대경터길은 법원읍 고유지명으로 안골 산기슭에 설치해 매년 안녕을 기원하며 치성을 드린 대경 터가 있던 곳으로 이에 따라 붙여진 이름이다.

가좌울길은 주민들이 근검절약하고 주경야독으로 공부하여 출세하는데 서로 도와주자는 뜻에서 붙여진 법원읍 고유지명이다.

장군터길은 법원읍 대능리 고유지명으로 옛날 장사바위에서 장사가 나왔다는 이야기가 전해진 마을의 지명에서 붙여진 이름이다.

둔방이길은 깊은 산골짜기 마을의 사면이 산맥으로 막힌 모양으로서 법원읍 삼방리 고유지명이다.

오류골길은 법원읍 대능리 고유지명으로 옛날 오동나무를 많이 심어 울창하게 자라 붙여진 이름이다.

대위골길은 법원읍 삼방리 고유지명으로 이 마을 주민들이 주경야독으로 학덕과 품위를 높이고자 하는 뜻에서 붙여진 이름이다.

오능골길은 고려 시대에 높은 벼슬을 한 허 씨들의 묘가 다섯 개 있다 하여 붙여진 법원읍 대능리 고유지명이다.

5) 교하동에 있는 도로명

하늘채길은 교하동에 있는 도로이름으로, 산을 깎아 전원주택을 지었으며 높은 지역에 위치하여 부여한 상징적인 이름이다.

동편길은 교하동 교하초등학교 동쪽에 있는 마을이라 하여 붙여진 고유지명이다.

빙고재길은 교하리 고유지명으로 옛날 교하 현 관아가 있을 당시 여름철 얼음 창고를 설치하였던 장소로서 붙여진 이름이다.

대골길은 교하동 오도리와 하지석리를 잇는 도로이름으로 대나무가 많았다고 하여 붙여진 고유지명이다.

연화길은 교하동 연다산리 고유지명으로 옛날에 저녁 무렵 수렁에서 갑자기 연꽃이 피었다고 하여 붙여진 이름이다.

매화길은 매화꽃이 많이 피었다고 하여 붙여진 교하동 연다산리 고유지명이다.

재두루미길은 교하동 송촌리에 있는 도로명으로 한강변에 철새도래지가 있어 지은 상징적 이름이다.

천정구로는 교하동 교하파출소와 와동리 앞을 지나는 구도로 이름인데 고구려 시대에 교하를 천정구현으로 불렸던 옛 지명으로 붙여진 이름이다.

솔아래길은 상지석리에서 교하리를 잇는 도로이름인데, 이 마을에 소나무가 많아 붙여진 이름이다.

성재길은 교하동 당하리 고유지명인데, 옛날 이곳에 성재암이라는 암자가 있었다고 하여 붙여진 이름이다.

범벅골길은 교하동 다율리의 자연부락 이름에서 따온 고유지명이다.

작은다락길은 교하동 다율리 고유지명으로 마을 뒷산에 선비들이 모여 공부한 누각이 있어 붙여진 이름이라고 하는데, 언뜻 이해하기 어려운 이름이다.

장자울길은 교하동 다율리 고유지명으로 큰 부자가 살고 있어 붙여진 이름이라고 하는데, 다소 이해하기 힘든 이름이다.

거문이길은 연다산리 고유지명으로 큰 문장가가 많이 살았던 곳이라 하여 붙여진 이름이다.

방화리길은 아름다운 꽃나무를 많이 심어 향기로운 마을이라 붙여진 연다산리 고유지명이다.

소라지로는 신촌리와 법흥리를 잇는 도로이름으로 마을 앞으로 휴율강이 굽이쳐 흘러 큰 웅덩이 연못이 있어 붙여진 고유지명이다.

지목로는 신촌리 마을 근처에 나무가 많았다고 하여 붙여진 이름이다.

노을빛로는 노을빛이 아름다워 붙여진 문발리에 있는 노을빛마을에서 따온 이름이다.

아침노을길은 문발리 노을빛마을 앞 도로명이 노을빛길인데, 이와 연계성 있는 길이름을 부여해서 지은 상징적 이름이다.

숲속노을로는 숲속길마을과 노을빛마을이 있어 상징적으로 이름을 지은 도로명이다.

책향기로는 문발리 책향기마을 앞에 있는 도로이름이다.

금명화길, 꽃창포길, 해바라기길, 꽃아마길, 돌단풍길, 안개초길, 유채꽃길, 맨드라미길, 금낭화길은 교하도서관 뒤편과 교하동 출장소 인근 마을에 있는 도로이름으로 환경 친화적인 도로명으로 지은 이름이다.

순못길은 다율리 고유지명으로 연못 안에 순나물이 자라나 붙여진 이름이다.

순지길은 다율리 고유지명인데, 조선 중종 시대 초당 경서가 대사간으로 있을 당시 이곳에 정착해 정원 앞에 연못을 파 놓았으나, 연못 안에 순나물이 자라서 붙여진 이름이다.

회동길은 문발동 출판도시에 있는 도로이름으로 1897년 설립된 우리나라 근대서점에서 유래한 상징적 이름이다.

직지길은 문발동 출판도시에 있는 도로이름으로 세계에서 가장 오래된 금속활자본을 상징하는 이름이다.

광인사길은 문발동 출판도시에 있는 도로이름으로 1884년 설립된 우리나라 최초 민간 출판사 광인사를 상징하는 이름이다.

동패양지길은 동패리 고유지명으로 정남향에 마을이 들어앉아 있어 붙여진 이름이다.

바울길은 동패리 고유지명으로 마을을 둘러싼 바위가 마치 울타리 같아 붙여진 이름이다.

대추골길은 동패리 고유지명으로 대추나무가 많아 붙여진 이름이다.

동패샘길은 동패리 고유지명으로 샘이 있던 마을이름을 따라 붙여진 이름이다.

나몰길은 목동리 고유지명으로 나무가 많이 있다고 하여 붙여진 이름이다.

신덕로는 파주시 동패리와 고양시 덕이동의 새로운 길이란 의미의 도로명이다.

패랭이길은 동패리에 있는 도로이름으로 친환경적인 길이름을 상징적으로 하여 붙인 이름이다.

6) 운정동에 있는 도로명

미래로는 동패리와 당하리를 잇는 도로이름으로 밝은 미래를 상징하는 의미이다.

금바위로는 한가람중학교 앞 도로이름으로 와동리와 당하리 고유 지명인 검은 바위가 많이 있었다고 하여 붙여진 이름이다.

가재울로는 운정 광역보건소 건너편 도로이름인데 가재울공원 명칭에서 유래했다.

와석순환로는 기왓돌이라는 고유지명 와석에서 유래했다.

가온로는 중간 혹은 가운데라는 뜻의 순우리말로 운정 신도시의 중앙이라는 의미이다.

솔아래길은 상지석리와 교하리의 고유지명으로 마을에 소나무가 많아 붙여진 이름이다.

고작골길은 상지석리 고유지명인데, 아주 먼 옛날 이 마을 뒷산에 까치들이 모여들어 사랑을 속삭이고 수시로 지붕에 날아와 기쁜 소식을 전해 준다고 하여 붙여진 이름이다.

하우길은 황룡산 아래에 자리한 마을에 수백 마리의 학이 날아와 마치 그 모습이 고개와 같다고 하여 붙여진 이름이다.

고봉로는 상지석리 고봉산 아래에 있는 도로이름이다.

경의로는 야당리에 있는 도로이름으로 경의선 옛 철도 명칭에서 유래했다.

번뛰기길은 야당리 고유지명으로 평야지대에 새끼 학들이 뛰어 놀던 곳으로 동네가 누에처럼 생겼다고 하여 붙여진 이름이다.

7) 조리읍에 있는 도로명
은골길은 조리읍 장곡리 고유지명으로 은이 많았다 하여 붙여진 이름이다.

정문로는 뇌조리에서 파주리까지 잇는 도로이름으로 효자孝子·충신忠臣·열녀烈女들이 살던 마을 입구 또는 살던 집 앞에 그 행실을 널리 알리고 본받도록 하기 위하여 세운 붉은 문 정문旌門에서 유래했다.

수레길은 조리읍 장곡리와 광탄면 분수리 고유지명으로 수레를 끌었던 길에서 붙여진 이름이다.

터길은 조리읍 장곡리 고유지명으로 기곡동이라고도 하며 텃길로도 알려져 있다.

당재봉로는 오산리 고유지명인데 산신제를 지내던 봉우리에서 유래했다.

작은연당길은 오산리 고유지명으로 옛날 이곳 연못에 연꽃이 많이 피었다고 하여 붙은 이름이다.

매봉재길은 오산리 고유지명으로 마을 뒷산의 봉우리가 마치 매가 날아가는 형상이라 하여 붙은 이름이다.

황새말길은 오산리 고유지명으로 송장산 아래에 있는 마을에 오리나무가 많아 황새들이 이곳에 새끼를 치고 살았다 하여 붙은 이름이다.

잔모래길은 뇌조리와 오산리 사이에 새로난 길로 오래전부터 불린 고유지명에서 유래했다.

장미꽃길은 뇌조리 장미 화훼단지가 있어 붙인 상징적 이름이다.

내산길은 조리읍 등원리 고유지명인데, 안산末 안장같이 생긴 산이 현재 내산으로 변경되어 이에 따라 붙여진 이름이다.

고산말길은 등원리 고유지명으로 학령산 끝자리에 있어 붙여진 이름이다.

팔학골길은 봉일천 장곡리 고유지명으로, 조선 시대 중종 때 김정국을 비롯한 민순·남효온·기준·정지운·홍이상·이신의·이유겸 등 8현들이 이곳에서 수학하였다 하여 붙어진 이름이다.

솔바위골길은 산림이 울창하여 붙여진 이름이다.

소곡로는 봉일천 고유지명으로 이 마을 골짜기 옛날 용이 나왔다는 웅덩이 못이 있어 붙여진 이름이다.

전나무길은 전나무가 많아 붙여진 이름이다.

봉천로 봉일천을 줄여서 붙여진 이름이다.

순비골길은 봉일천 고유지명으로 3·1 운동 당시 순국한 애국지사들을 추모하는 비가 있어 붙여진 이름이다.

두루봉로는 조리읍에 있는 두루봉에서 유래했다.

닻고개길은 대원리 고유지명으로 대원리의 자연부락명에서 유래했다.

만선골길은 대원리 고유지명으로 용문산 내령 최북단 벌판 가운데 우뚝 솟은 야산 형체가 마치 물건을 가득히 실은 배의 짐을 내리는 모양으로서 붙여진 이름이다.

문원길은 문봉동과 대원리에서 한 자씩을 활용하여 붙인 도로명이다.

탑삭골길은 능안리와 상지석리 고유지명 고유지명으로 예로부터 탑삭골이라 한 데서 유래했다.

8) 월롱면에 있는 도로명

휴암로는 조선 시대 파산학파의 거두 휴암 백인걸 선생의 호^{월롱산}^{의별칭 : 휴암봉}에서 유래한 도로이름이다.

도감로는 도내리 고유지명으로 고려 공민왕 당시 도감 벼슬을 한 사람의 산소가 생기면서 붙여진 이름이다.

옥돌내길은 덕은리 고유지명으로 고려 말 조선 초에 걸쳐 살았던 조연의 묘 앞에 옥석으로 만들어진 비석이 있었다고 하여 붙여진 이름이다.

용상골길은 월롱면 용상사에서 유래한 도로이름이다.

서영로는 월롱면에 있는 서영대학교에서 유래된 이름이다.

홀작로는 월롱 도내리와 광탄 신산리 고유지명으로 참새들이 지저귀며 깃드는 고개라고 하여 붙여진 이름이다.

쉰우물길은 영태리 고유지명으로 50개의 우물이 있어 가뭄에도 물이 마르지 않아 계속 풍년을 이루었다고 하여 붙여진 이름이다.

황소바위길은 영태리와 위전리에 황소 모양을 한 바위가 있는 지형적 특성을 표현한 도로이름이다.

한태말길은 영태리 고유지명으로 가뭄 때 콩을 많이 심어 겨울철에 즐겨 찾는 콩나물을 길러 시장에 팔았다고 하여 붙여진 이름이다.

누현길은 영태리 고유지명으로 다락고개를 한자로 사용하여 붙여진 이름이다.

다락고개길은 위전리 고유지명으로 높은 지대를 뜻하며 월롱^{月籠}의 '月'은 우리말 '달'을 한자화한 것으로, 롱은 '락-랑-롱'으로 발음 변화한 것이다.

은행나무길은 위전리 고유지명으로 오래된 큰 은행나무가 있어 붙여진 이름이다.

산들로는 덕은리의 산과 들을 상징적으로 표현한 도로이름이다.

공수물길은 영태리 고유지명으로 인조반정 때 이서 등이 모여 장단을 거쳐 서울로 쳐들어 갈 때 이곳에 우물물을 마셨다고 하여 붙여진 이름이다.

다래울길은 위전리 고유지명인데 대여울, 대래울 등으로 불렸으며, 마치 띠를 두른 형상으로 아름다운 마을을 뜻하여 붙여진 이름이다.

검바위길은 덕은리 고유지명으로 검은 바위가 있었다고 하여 붙여진 이름이다.

함영골길은 영태리 고유지명인데 봄부터 가을까지 피고 지는 꽃향기가 좋았다 하며, 영화를 누린다는 뜻으로 붙여진 이름이다.

9) 탄현면에 있는 도로명

동오리길은 금산리와 낙하리 고유지명으로 삼당 김영의 무덤이 본래 장릉 근처에 있었는데, 장릉을 쓰면서 동쪽 5리 밖으로 옮기라 하므로 이곳에 옮겨 붙여진 이름이다.

정승로는 금승리에 있는 방촌 황희 정승의 묘소가 있어 부여한 이름이다.

웅지로는 문지리에 있는 웅지세무대학이 있어 부여한 이름이다.

한산로는 주위가 야산으로 둘러싸여 있고 조용하다고 하여 붙여진 이름이다.

열살미길은 탄현중학교 부근 고유지명으로 열 가구가 살았다고 하여 붙여진 이름이다.

배나무길은 축현리 고유지명으로 조선 선조 때 중손 남원군이 정착 후 인근 부락에 배나무를 많이 심어 붙여진 이름이다.

새오리로는 금산리 고유지명인데 옛날 신오리면 지역으로, 산야에 오리나무를 새로 심었다 하여 붙여진 이름이다.

가시내는 법흥리 고유지명으로 주위 산의 형태가 가시가 돋친 모양이고, 골짜기 사이 사이에서 흘러내리는 물이 많아 붙여진 이름이다.

국화향길은 법흥리 뒷산에 국화나무가 많다고 하여 상징적으로 붙인 도로이름이다.

국원말길은 법흥리 고유지명으로 뒷산에 국화나무가 많다고 하여 붙인 이름이다.

소리개길은 헤이리 마을 뒤 고유지명으로 소나무가 울창하게 우거져 있어 붙여진 이름이다.

얼음실로는 영어마을 근방 고유지명으로 물이 얼음같이 차다고 하여 붙여진 이름인데, 한장굴이라고도 불린다.

사슴벌레로길, 하늘소로, 고추잠자리길, 오색나비길, 풍뎅이길, 참매미길, 여치길, 소금쟁이길, 약산골길은 법흥리에 있는 도로이름으로 환경 친화적인 의미를 부여하기 위해 상징적으로 부여했다.

필승로는 법흥리에 있는 축구국가 대표팀 트레이닝센터를 지나는 도로이름을 상징적으로 표현했다.

10) 광탄면에 있는 도로명

부흥로는 어려운 시련을 딛고 함께 발전하자는 의미로 부여한 도로이름이다.

진지로는 용미리 고유지명으로 임진왜란 때 명나라 장수 이여송이 왜적을 막기 위하여 진陣을 쳤던 곳이어서 붙여진 이름이다.

산수골길은 방축리 자연부락명에서 유래했다.

검전말길은 방축리 고유지명으로 사람들이 논밭을 마구 짓밟아서 곡식을 망쳐 놓아 밭둑에 말장과 섭을 대어 사람들이 다니지 못하도록 금지시켰다고 하여 붙여진 이름이다.

벌만장길은 창만리 고유지명으로 만장산을 중심으로 이 지역부터는 벌판이 펼쳐져 있어 만장산의 벌판 지역이라 하여 붙여진 이름이다.

호주골길은 용미리 고유지명으로 병자호란 때 호병오랑캐 병사이 이곳에서 후퇴하였다고 하여 붙여진 이름이다.

서원길은 광탄면에 있는 도로이름으로 고려 명종 4년에 이 지역을 서원현으로 개칭하였다고 하여 붙여진 이름이다.

바랑골길은 광탄면 고유지명으로 마을 뒷산에 큰 절이 있어 많은 중들이 바랑을 걸머지고 왕래하였다고 하여 붙여진 이름이다.

토란길은 발랑리 고유지명으로 벌판 가운데 자그마한 산봉우리가 우뚝 솟아 있는데, 마치 흙으로 뭉친 계란 모양 같다 하여 붙여진 이름이다.

말구리길은 발랑리 고유지명으로 말굽소리에서 변천한 것으로 추정되며 또는 말이 굴렀다고 하여 붙여진 이름이다.

청계말길 신산리 고유지명으로 깨끗한 개울을 의미하고 현재 개울

옆으로 길게 마을이 있어 붙여진 이름이다.

큰여울길은 한자어 광탄을 순우리말로 표기하여 부여한 이름이다.

동거리길은 신산리 고유지명으로 심 씨 묘소 동쪽에 산을 쌓아 동쪽이 크다고 하여 붙은 이름으로 왕수물이 있는 국도에서 동쪽에 있으며 분수리·시목동·만장이에서 신탄막으로 통하는 삼거리를 말한다.

심궁로는 소헌왕후 심 씨가 궁을 지었다고 하여 부여한 이름이다.

새뜰길은 신산리에 있는 새로운 마을길로 새로운 터전이라는 상징적 의미로 붙인 이름이다.

수물길은 신산리에 있는 역사성 있는 지명으로, 선조가 이곳 우물에서 물을 마셨다고 하여 부여한 이름이다.

쇠장이길은 영장리 고유지명으로 예로부터 소를 매어 두었던 곳이라 하여 붙은 이름이며 옛날 끄랑풀 우장(雨裝), 만드는 풀이 우거져 인근 주민들은 이곳에 와서 풀을 베어 비올 때 쓰는 우장을 만들어 입었다 하여 우장동雨場洞이라 한다.

소라울길은 창만리와 마장리 고유지명으로 마을을 둘러싼 뒷산에 소나무가 많고 마을 주변에 청머루 덩굴이 무성하여 소나무 송松자와 청머루 라蘿자를 붙인 이름이다.

우랑길은 마장리 고유지명으로 울리동이 변하여 붙여진 이름이다.

양지말길은 용미리 고유지명은 마을이 동쪽을 향해 훤히 트이고 양지바른 자리에 있어 붙여진 이름이다.

11) 파평면에 있는 도로이름

장마루길은 파평면 장파리를 옛적에는 장마루라 부른데서 유래한 것이고, '금마루길'은 금파리의 고유지명에서 유래한 것이다.

되링거리길은 파평면 덕천리의 고유지명으로 마을 입구에 되링거리로 표기된 이정표가 쓰임에 따라 오늘날까지 통용되고 있어 붙여진 이름이다.

청송로는 조선 중기 학자인 청송 성수침의 위패를 봉안하고 제향을 올리는 파산서원 앞을 지나는 도로의 역사성을 강조한 이름이다.

12) 적성면에 있는 도로명 중 독특한 이름과 의미

솥뒤로는 마지리와 두지리 사이에 있는 도로인데, 고유지명으로 감악산 서북맥 망월봉을 지나 두지리 임진강변에 이르는 곳에 마치 솥같이 생긴 산봉우리가 있어 붙여진 이름이다.

관고개길은 적성면의 고유지명으로 관원들이 넘나들었다고 하여 붙여진 이름이다.

달빛길은 적성면 주월교차로 부근에 있는 주월리 구석기 유물마을 앞 도로이름으로 주월리에서 달 월月을 따왔다.

감골길은 적성면 무건리 고유지명으로 주민들이 감나무들을 많이 심어 가을철 장관을 이룬다고 하여 붙여진 이름이다.

양연로는 양주시와 연천군 명칭에서 한 자씩 딴 도로이름이다.

담안길은 적성면 고유지명으로 삼면으로 둘러 있는 산맥이 마치 담으로 둘러 있는 안방같은 아늑하고 조용한 기분이라 하여 붙여진 이름이다.

배우니안길은 적성면 객현리에 있는 고유지명으로, 감악산아래 흰 구름이 자주 낀다고 하여 붙여진 이름이다.

어삼로는 적성면 어유지리에 있는 도로인데 어유지리와 삼화리의 명칭을 한 자씩 인용한 것이다.

서녘놀길은 적성면 장현리, 어유지리에 있는 도로인데 전원적인 아름다움을 상징화한 것이다.

산덕골길은 적성면 장현리의 고유지명으로 물난리 때마다 마을 주민들이 뒷산으로 피해 산의 은덕에 대한 감사함을 표현하였다 하여 붙여진 이름이다.

국사로는 국태민안國泰民安을 기원하는 국사봉이 있어 부여한 도로 이름이다.

말굽두리길은 적성면 마지리의 한글이름으로 당나라 장수 설인귀가 말을 타고 달릴 때, 말굽 소리만이 요란스럽게 들렸다고 하여 붙여진 이름이다.

높은음자리길 진동면 해마루촌 모양이 위에서 보면 높은음자리표 모양이라 하여 붙여진 이름이다.

참고한 문헌

경기도문화재연구원,『경기도 DMZ 자유의 마을 대성동』, 경기도, 2014

경기문화재단,『경기도 지정문화재 조사보고서』, 2015

고상만,『중정이 기록한 장준하 : 민주주의자 장준하 40주기 추모 평전』, 오마이북, 2015

김현국 칼럼, '파주의 옛날이야기', 파주에서, 2016

삼광글샘,『적성팔경』, 삼광중고등학교, 2015

삼광글샘,『적성따라 옛이야기 따라』, 삼광중고등학교, 2015

송달용,『나는 파주인이다』, 헵시바, 2015

역사만들기 편,『우계 성혼과 坡山의 학자들』, 파주문화원, 2013

이윤희,『파주이야기』, 파주이야기가게, 2016

이재석,『임진강 기행』, 정보와사람, 2010

임재완 원문번역,『삼현수간 : 이이, 성혼, 송익필 세 벗의 편지』, 파주시, 2016

장주식,『삼현수간(율곡 우계 구봉의 산촌편지)』, 한국고전번역원, 2013

파주시,『지명유래』, 파주시, 2013

파주시지편찬위원회,『파주시지 1~9』, 파주시, 2009

현장사진연구소,『어머니의 품, 파주 : 망향우체통』, 파주시, 2016

현장사진연구소,『어머니의 품, 파주 : 상처 위에 피는 꽃』, 파주시, 2016

DMZ생태연구소 편저,『파주시, 생태도감』, 웬즈데이, 2014

참고한 웹사이트

문화재청 홈페이지 www.cha.go.kr

민주화운동기념공원 www.eminju.kr

민주화운동기념사업회 www.kdemo.or.kr

이기상 블로그 '파주이야기' www.pajuiyagi.com

이윤희 블로그 '파주이야기 가게' blog.daum.net/yhlee628

파주문화원 홈페이지 www.pajucc.or.kr

파주시청 홈페이지 www.paju.go.kr

행정안전부 도로명주소 안내시스템 www.juso.go.kr